建筑也可以很好玩

欧洲篇·从古典主义到近现代

密小斯 著

机械工业出版社
CHINA MACHINE PRESS

本书用活泼的语言、漫画的形式，结合历史故事，使读者可以从整体上快速了解整个欧洲建筑的发展历史，包括古典主义和洛可可是怎么双双出现在法国的，近代第一建筑是否只是座温室，20世纪初欧洲建筑圈儿到底有多乱，等等。本书适合欧洲建筑爱好者以及喜欢建筑历史文化的大众读者阅读。

图书在版编目（CIP）数据

建筑也可以很好玩.欧洲篇.从古典主义到近现代 / 密小斯著.
—北京：机械工业出版社，2019.11（2023.9 重印）
ISBN 978-7-111-64274-9

Ⅰ.①建…　Ⅱ.①密…　Ⅲ.①建筑史—欧洲—普及读物
Ⅳ.①TU-091

中国版本图书馆 CIP 数据核字（2019）第 268953 号

机械工业出版社（北京市百万庄大街 22 号　邮政编码 100037）
策划编辑：刘　晨　责任编辑：刘　晨
责任校对：孙成毅　封面设计：吴　桐
责任印制：孙　炜
北京联兴盛业印刷股份有限公司印刷
2023 年 9 月第 1 版第 4 次印刷
165mm×210mm·8.5 印张·2 插页·136 千字
标准书号：ISBN 978-7-111-64274-9
定价：59.80 元

电话服务　　　　　　网络服务
客服电话：010-88361066　机　工　官　网：www.cmpbook.com
　　　　　010-88379833　机　工　官　博：weibo.com/cmp1952
　　　　　010-68326294　金　　书　　网：www.golden-book.com
封底无防伪标均为盗版　机工教育服务网：www.cmpedu.com

推荐序

欧洲建筑是广受关注的文化主题，特别是启蒙运动迄今的这段历史，围绕着传统和现代的交接，出现了一系列既赏心悦目又激动人心的建筑文化演变。

在很多人的期待中，年轻的中国建筑师密小斯编写了一本面向国内大众的欧洲建筑史读物。这是一个让更多人能够从阅读中快乐体验建筑文化的开始，会启发建筑师们在将来去创造更多有趣的阅读形式来分享建筑文化知识，而密小斯就是这一快乐行动的启动者之一。

同样要肯定的是，本书向公众引介的建筑学知识内容在专业性上并不含糊，知识内涵依旧是完整充盈的，书中将众多建筑代表的"点"编织起来，通过一条清晰的演进脉络，以及突出的关键词，帮助读者更容易顺势理解这一阶段欧洲建筑形式和建筑思想的历史性价值。

总之，无论对于自己还是对于大家，密小斯做了一件很有意义的事。我们面前的这本书，来自一个心思活泼又专心致志的作者，呈现了一段进步性和观赏性俱佳的建筑发展史。

同济大学建筑与城市规划系教授　刘刚
2019 年 10 月　上海

作者序

我是一名"饱受折磨"的建筑师。每次相亲，当我说出自己的职业，经常会被问到各种奇怪的问题："那你会不会经常住在工地，晚上害不害怕呀？""我想在×××买房子，你说将来会升值吗？"最狠的一次，当时在点菜，姑娘小心翼翼地嘟囔了一句："你这么瘦，还要搬砖，好可怜呀。"说完又加了一份肘子。这种事情多了，我就会反思：我为什么要相亲？我再也不要相亲了！

开玩笑的，也就说说而已。

在今天的中国，建筑文化对于我们大多数人来说，其实是一件挺"陌生"的事。可能你买了房子，却从来没想过你的小区为什么是欧式的；可能你旅行走过很多地方，但除了购物美食自拍发朋友圈，很少去关注这些地方的建筑；可能你去过巴黎圣母院，看到了令人难以置信的教堂，却除了一句"哇"然后就不知道该干些什么了……有人会问，我需要知道这些吗？我一个医生（警察、工人、音乐家、老师、服务员、网红、学生、数学家、公务员……）知道这些有什么用？

我们都知道建筑属于八大艺术门类之一，那么"懂建筑有什么用"是不是可以翻译成"懂艺术有什么用"？这个问题想必你已经有答案了。我在书的最后也详细给出了自己的想法。总之艺术是我们认识自己，打开幸福之门的一把钥匙。

非专业的人欣赏一座建筑的方式基本仍停留在"真高""真大""真亮"的阶段，之所以会这样，很重要的一个原因就是国内目前绝大部分介绍建筑的书籍，还是那种高高在上、拒人于千里之外的姿态，别说对于外行人，就连身处这行的我，在面对一本几百页且布满密密麻麻文字的书的时候，依然有心无力、无从下手，最后索性不看了，因为看不完，看完了多半也记不住。

这事儿直到后来我读研的时候才有了转机。当时在德国做交换生，除了上课，一向"不务正业"的我就开始在网上发布一些关于绘画鉴赏的科普小文章，但看的人也不多。一次偶然写了一篇关于欧洲建筑发展脉络的科普文，意外发现很多人留言说"好有趣，用了五分钟就把欧洲建筑搞懂了，谢谢你"；"原来建筑这么有趣，背后有这么多不为人知的故事，我今天才知道"……加上当时玩了一款名字叫《刺客信条》的游戏，里面高度还原了文艺复兴时期的意大利城市，后来我去罗马旅行的时候，真就在街上看到了大量游戏里出现过的房子，令我仿佛"穿越"了一样兴奋不已。

于是我就想，既然建筑有这么多有趣的故事，干脆我来为大家写吧。结合我平时喜欢的历史和绘画知识，配上简洁可爱的插图，把那些我知道的关于建筑的有趣故事全都讲出来。至于为什么没从中国的建筑写起，是因为西方（主要是欧洲和美国）建筑八卦段子多，写着方便。况且要了解我们自己的建筑，首先要有一面"镜子"，西方就是我们看清自己最好的"镜子"。

在进入正式阅读之前，温馨提示大家，这只是作为建筑科普爱好者的密小斯，写给大家的建筑入门书，希望通过这本书激发你对建筑及艺术的兴趣。千万不要把它当成正规的教材来使用，否则你会发现——怎么会有这么"不靠谱又好看"的教材！

最后，我非建筑史专业学者，很多地方的认知和观点也不够全面，但书里每一处细节和每一个段子，我都尽量做到反复确认核实，尽全力为大家呈现一个真实有趣的古代西方建筑世界。如存在错误之处还请大家多多指正。感谢我的编辑刘晨全程对我的帮助以及其他在本书写作过程中给予我帮助的朋友们。

那么，让我们开始吧……

目录

第一章 古典主义建筑

第二章 资产阶级革命时期建筑

第三章 20 世纪百家争鸣

第四章 走向新时代：现代主义四大神

古典主义建筑……

绝对君权与古典主义

17世纪，在意大利和西班牙等国家流行巴洛克风格的同时，以法国为核心的国家则诞生了另一种建筑风格。法国建筑上一次**制霸欧洲**还要追溯到中世纪，当时的杀手锏就是一座座高耸入云的**哥特式教堂**。

中世纪法国的哥特式教堂曾制霸欧洲。左：巴黎圣母院；右：兰斯大教堂

后来到了文艺复兴时期，江湖一哥的名号就被"邻居"意大利抢走了。因为这段时间里法国忙着和英国打仗，国家建设就荒废了。这场战争持续了一百多年，也就是历史上著名的**"英法百年战争"**。法国也正是在与英国侵略者的一次次战斗中完成了**民族意识**的**觉醒**。

这个所谓的民族觉醒大概是个什么意思呢？我用我们自己来举例子。就好比中国的民族觉醒主要是通过近代跟**欧洲列强**和**日本**（其实主要还是日本）一次次的战争而形成的。在这之前，中国人普遍觉得**天下**就是**皇帝老儿**的，"普天之下莫非王土"，当然皇帝自己也这么想。甭管你皇帝怎么换，我种我的地就好了。直到后来没完没了地被外人欺负，大家才反应过来，国家是每一个人的，否则皇帝被打跑了，我们怎么办，所以中国人要抱团儿赶走侵略者，平时再怎么闹关键时刻也是自己兄弟，**现代国家**的概念在这个过程中就慢慢形成了。

特别值得注意的是，法国的**皇权**在英法百年战争当中发挥了重要的**领导**作用，所以战争胜利后，皇帝立马联合当时**新兴资产阶级**笼络了贵族，将法国建成了一个**中央集权**的民族国家。为啥费这么大劲来讲这事儿呢？因为我们得先知道这段时间里，法国都是以国王，或者说是**皇室**为**中心**，而不像同时期的意大利以**教廷**为**中心**。皇权最大，所以这时期在法国诞生的最主要的建筑就不像意大利那样是一些大大小小的教堂和贵族府邸，而是代表法国王室的重要建筑物，再具体点儿，也就是国王的**宫殿**、**别墅**。

敲黑板：在当时，法[]人玩什么，欧洲就流[]什么。欧洲的精英阶[]们如果不会讲一口纯[]的法语，出门都不好[]思跟人打招呼。而法[]作为"时尚之都"也[]从那个时候开始的。[]天世界上大多数顶级[]侈品牌，主要都产自[]国和意大利，根源就[]以追溯到这个时期。

但由于当时的意大利经历了文艺复兴，紧接着**巴洛克**也**风靡整个欧洲**，出了一大批"网红"建筑师，所以法国也难免受到意大利的影响。当时法国从意大利聘请"巴洛克明星建筑师"来本国进行交流指导，有点像我们今天从美国找外援来打篮球或者从欧洲挖足球教练一样。

17世纪，到了"太阳王"路易十四时代，集权达到了**顶峰**。这时一系列精致的**法国宫廷文化**也反过来压倒意大利，法国文化**再次**风靡整个欧洲。我们今天提到法国的古典文化，包括**礼仪、艺术、音乐等**，都是这个时候形成的。文化如此，建筑领域也形成了自己的风格，历史上称为**"古典主义建筑"**。这段时间内，以古典主义为代表的法国建筑与巴洛克为代表的意大利建筑**双双**席卷欧洲大陆。互相渗透、学习，也互相批评对方。要搞清楚这件事，就要先弄清楚"古典主义"风格是什么。

上："丝袜爱好者"太阳王路易十四画像
下：电影《绝代艳后》剧照，电影中有大量关于法国宫廷文化的描写

16 世纪后期，意大利文艺复兴后出现了两种思潮，一种是**手法主义**，后来转变为**巴洛克**，被意大利的**教廷**玩得不亦乐乎；另一种则是崇尚古典和讲究柱式、比例的复古倾向，这种风格在当时的意大利**没怎么火起来**，但法国人却很喜欢。具体说，是法国的皇帝和贵族们很喜欢。

这段时期法国随着皇权的发展壮大，在艺术上也需要一种风格用来**配合**皇权的**强化**。此时的法国把自己比喻成当年辉煌的**罗马帝国**，那法国的皇帝自然就和当年的凯撒、屋大维一个级别了，因此在建筑上也需要像当年罗马盛行的**雄伟大气**的风格。皇帝路易十四成立了**皇家绘画与雕刻学院**，后来增设了**音乐**和**建筑**学院。学院最重要的任务，就是在其相应的艺术领域内制定"**规范**"，目的都是为皇权**服务**。

学院基本**垄断**了当时法国**最优秀**的生源，在学校里，学生们只能画两种画：**歌颂古代的英雄**以及**颂扬伟大的君主**。可以观察一下这个时期以及后来学院派的法国著名的画家，例如"拿破仑的御用画师"——雅克·路易·大卫，《泉》的画师——安格尔等，都有一种气势磅礴的厚重**史诗感**。颂扬君主的"伟大"，逐渐形成了法国独特的宫廷文化，以上都是法国古典主义的**成因**。

《泉》，安格尔

《跨越阿尔卑斯山圣佰纳隘口的拿破仑》，雅克·路易·大卫

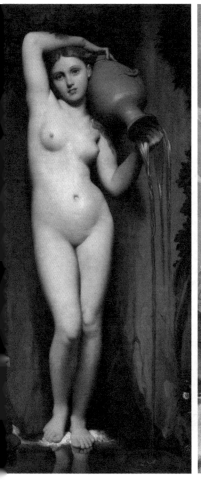

古典主义的建筑师们最看重艺术中**"理性"**的部分。这也受到了当时兴起的**自然科学**的影响。

当年，笛卡尔的理性主义思想对欧洲产生了重大的影响。他认为这个世界是**可以被人认知**的，**不相信经验和感觉**，数学和几何包含了世间万物（听着是不是很熟悉？有没有觉得很像当年古希腊的人文主义和理性精神？）。

所以在美学方面，世界上一定有一套**"合乎逻辑"**的、**"系统"**的**美学标准**，越接近这个标准，就越接近**"绝对的美"**；一旦偏离了这个标准，艺术就会走向**混乱**与**不可控**。所以唯理主义者压根就不 Care 意大利神学倡导的**神秘主义**那一套。

敲黑板：古典主义对规则的近乎"变态"的执着，固然有它的可取之处，只不过这种基于政台笼罩下的艺术环境一定会使艺术家感到压抑，所谓压抑越大，"秋后算账"来得就越猛烈，这也是为什么100年后由莫奈等人挑起的"印象派"偏偏诞生在法国，都是对古典主义那种偏执的坚决反抗。

因此法国古典主义建筑师们也坚信好的建筑都是讲究**"理性"**和**"条理"**的，古典的柱式将几何与比例发展到了极致，只要掌握了这些"美的标准"，就能发现"终极的美"。而**"柱式"**象征着古罗马时代的**帝王气概**，整个的基调也是**"尊贵"**和**"典雅"**的，这也符合法国国王对自己的定位。

既然是崇尚"理性的美""规律的美"，那么法国的建筑师就一定会看不上当时意大利流行的巴洛克，在他们眼里巴洛克的建筑师就是一群**"胡作非为"**的疯子（其实巴洛克三个字今天听起来挺浪漫，而原意是**"畸形的珍珠"**，这个名字就是法国人起的）。于是法国人在理性主义的道路上一路狂奔，将所谓的**"规矩"**和**"套路"**玩到了极致。

《印象·日出》，克劳德·莫奈

法国国王的猎庄——香波城堡

古典主义时期的法国建筑类型以皇帝的宫殿为主要代表，注重**条理性**，层次结构清晰。建筑中每一个构件的尺度都要"**有理有据**"，总平面上往往采用**对称式布局**，**轴线清晰**；立面通常采用"**横三纵五**"的分段方式，强调立面构图的**主次**关系。对繁琐复杂的建筑装饰相当排斥，认为那是巴洛克的雕虫小技。**第一座法国古典主义建筑**是法国国王弗朗索瓦一世时期建造的，有一个挺萌的名字——**香波堡**。这座城堡主要是供皇帝打猎用的，相当于弗朗索瓦一世的**私人度假村**。

这座建筑最出名的是城堡里面的"**双螺旋楼梯**"，当年弗朗索瓦一世有不少**情妇**，经常被他**同时**带进城堡来，为了避免尴尬和纠纷，他聘请设计师设计了一"贴心"的楼梯。这部楼梯的特点是，虽然围绕一个中心轴，但两部楼梯是**各自独立**的，人从楼梯下来只能**看见**对面的人，却**够不到**。设计这部"双螺旋楼梯"的天才不是别人，正是我们的老朋友——**达·芬奇**。

达·芬奇设计的"偷情楼梯"

同样属于法国早期古典主义的建筑还有**枫丹白露宫**，也是皇帝的**私人度假村**，从弗朗索瓦一世、亨利四世、路易十四、路易十五以及波旁王朝最后一位皇帝路易十六等众多"农家乐爱好者"都在这里住过。

　　"法国大革命"后，拿破仑将已经破败的枫丹白露宫按照自己的意愿重新装修，达·芬奇的《蒙娜丽莎》在"定居"卢浮宫之前就曾经放在枫丹白露宫里。

枫丹白露宫

古典主义之巅：
卢浮宫

时间来到了 17 世纪，这个时候法国在"太阳王"路易十四的建设下进入了波旁王朝的辉煌时期，这位老兄在历史上创造了一个纪录——**在位时间最久**，长达 72 年。多年的统治也将法国的**中央集权**发展到了**顶峰**，这个时期的法国，艺术家的一切活动主要目的都是为了歌颂皇帝，**艺术**成了路易十四统治的**工具**，建筑也不例外。

今天我们去法国，卢浮宫作为一个著名的博物馆，绝对是一个**"必游景点"**，不过这片巨大的建筑群最早并不是面向公众的，而是 13 世纪为了**抵抗十字军东征**而建设的一座**城堡**，后来的几百年间经过亨利四世等几位国王的不断建设，逐渐发展成了类似今天的规模。而这些建筑也逐渐成为了皇帝们的宫殿。卢浮宫的部分建设受到了后来意大利文艺复兴的影响，不过这种**人文主义理想**注定与国王的统治需求相**矛盾**，所以到了路易十四手里，势必要对建筑的风格进行改造。

鸟瞰整个卢浮宫

如果不出意外，卢浮宫将会被顺利改造成为一座皇权的纪念碑，但小插曲还是出现了。此时法国的老邻居意大利，"妖娆"的巴洛克风格盛行整个罗马，同时也向周边国家**辐射**，当时的法国建筑受到巴洛克风格的影响还是不小的。尤其是法国的贵族夫人们，对琳琅满目的巴洛克风格更是**毫无抵抗力**。

关于这一点我记得有一次公司的分享会，请了一位旅游地产行业里的"知名大咖"介绍经验，他举了一个自己在国内做得比较成功的旅游小镇的案例。最后总结下来，就是整个设计非常好地抓住了姑娘和孩子们的"**痒点**"，通过打造美轮美奂的场景来取悦她们，进而提升客流量，扩大消费。有人问：那就不考虑男同胞的审美吗，大咖说：**男的只管去结账就是了**。

但法国建筑设计师们并不会坐以待毙，于是双方在关于宫殿**东立面**的改造上进行了一场**死磕**。

卢浮宫正面，典型的法国古典主义风格

　　卢浮宫位于巴黎著名的塞纳河北岸，经过了前人的建设，17 世纪中期，宫殿的**四合院**形态基本建设完毕，但这座建筑当时是文艺复兴风格的，东面是一座皇家教堂，是皇帝及贵族们经常经过的地方，所以当时的大臣高尔拜决定对东立面重新进行改造。

　　第一轮提出方案的是法国宫廷御用建筑师**路易·勒伏**等人，他们的方案完全遵从**古典主义原则**，对比例、尺度进行了极为苛刻的推敲，严格控制建筑立面的装饰，方案**庄严**而**冰冷**，完全显示出了路易十四皇帝的威严。

卢浮宫外墙上的细节，处处体现着古典和秩序

　　不过由于当时意大利建筑风格在欧洲的影响太大，所以这套方案被送至意大利，由一批当红的巴洛克建筑师进行**评图**，最后当然是直接被否定。

　　在意大利人眼里，这种"尸体"一样的方案怎么和我们伟大的教会风格相提并论，于是他们也反提了一套方案给法国，其中夹杂了大量巴洛克的手法。但意大利人的方案显然不能符合法国王室的**政治需求**，加上他们这么一搞，相当于当着人家皇帝的面，往法国建筑师脸上吐唾沫。这个行为激起了法国建筑圈的**集体抵制**，于是方案推进陷入**僵局**。

板：贝尼尼在雕塑上的造诣到了出神入化的地步，今罗马博格塞美术馆里存放量他的作品。我曾经去看他的人体雕塑几乎可以做以假乱真"的程度。你很象这么生动的人物是怎么一个人手工雕刻出来。

后来，法国宫廷请来了当时意大利**大师**贝尼尼，之前我们提到过，他凭一己之力设计了**圣彼得大教堂**的**全部室内装饰**以及教堂前的**大广场**。可以这么说，在当时的意大利，贝尼尼是绝不输前辈伯拉孟特与米开朗基罗的：

• - - - - - - "现象级网红" - - - - - •

反观法国这边，这时期真没有能达到这个层次的建筑师。"贝网红"来到法国时享受了法国人接待国王的礼仪，他也坚持按照自己的理念为卢浮宫设计了一套巴洛克风格方案。

当时意大利的影响已经深入法国，尤其是抓住了法国那些"小姐姐"们的少女心，其实并不只是她们，当时的巴洛克已经实实在在地成为了大众**喜闻乐见**的风格，加上贝尼尼的影响力，所以方案也很快得以实施。

卢浮宫局部

法国的建筑师是不会消停的。从建设的第一天起，他们就从没停止过对施工的**"审查"**和**"修改"**，并在这个过程中取消了很多贝尼尼的设计。几年后，贝尼尼刚一回国，这帮人一拥而上，最后终于说服皇帝放弃了贝尼尼的方案，采用了古典主义的方案。建成后的东立面可以说是完美地体现了古典主义建筑的全部特点，同时也象征着法国绝对君权时期古典主义建筑走向**成熟**。

左：卢浮宫东立面现状
下：卢浮宫三件镇馆之宝

值得注意的是，建筑东立面入口的门采用了一个非常有趣的设计方法，由于基座部分做得非常大，门就**显得很小**，从而通过对比使得人在建筑面前显得十分"渺小"，更加突出了卢浮宫威严高冷的**建筑性格**（具体原理可以参考我另一本书里提到的古罗马"巨柱式"）。卢浮宫今天作为世界最著名的四大博物馆之一，收藏着包括《蒙娜丽莎》《断臂的维纳斯》《胜利女神》等无数奇珍异宝，而这座建筑本身也是一件见证了法国历史的伟大展品。

贝聿铭

今天的卢浮宫，在主体建筑围成的大院子中心，是一个由**钢铁**和**玻璃**制造的**"大金字塔"**和 4 个**"小金字塔"**，它们成了卢浮宫外侧新的**视觉中心**，不过这几个金字塔可不是古典主义大师们的设计，而是世界著名的**现代主义**大师：

●------ 贝聿铭 ------●

先生的杰作。20 世纪末，由于卢浮宫需要**扩建**，聘请了贝聿铭进行方案设计，新的扩建方案尤其是大金字塔的设计也成了建筑史上的经典案例。

今天卢浮宫前广场的"水晶金字塔"，作为整个博物馆的主入口，由于精致的造型，每年吸引大量的游客来此参观

地表最强别墅：

凡尔赛宫

路易十四早期，法国处于"半分裂"状态，国家由一些大大小小的**贵族**们割据把持，皇帝虽然名义上是这群贵族的老大，但很多时候他自己也管不住下面这群人。于是路易十四在巴黎西南不远处建立了一座奢华的"别墅"——**凡尔赛宫**，将这些大贵族们迁到这座宫殿中集中控制。

　　这群人到了这里最主要的活动就是日复一日地开Party，路易十四也在这里与他的情妇和贵族小姐们寻欢作乐。后来为了方便，他干脆将自己的**办公地点**也迁到了这里，国家的中心实际上也由**巴黎**转至了**凡尔赛**。

凡尔赛宫

　　这座宫殿的原址是路易十三的"**农家乐**"（猎庄），后经路易十四重建而成。凡尔赛宫的建造前后共动用了**三万六千多名**设计师和劳工，绝对是当时最庞大的生产力，它的成就也将法国 18 世纪的建筑艺术推向了顶峰。建筑整体属于法国古典主义风格，注重理性的**比例**与**几何**的运用，由于当时巴洛克的影响，建筑**内部**的**装饰**也多为巴洛克风格，其中部分房间发展成了后来的洛可可风格。

故宫

白金汉宫

白宫

克里姆林宫

凡尔赛宫镜厅

黑板：凡尔赛宫被评为世
五大宫殿之一，其他四个
则是北京故宫、英国白金
宫、美国白宫和俄罗斯克
姆林宫。

　　宫殿中最有名的要数那条长 76 米、宽 10 米、高 13 米
的"镜厅"（也称"幻影长廊"），算是凡尔赛宫的"镇宫之宝"。
东边的墙上有 17 面巨大的落地镜子，穹顶密密麻麻地布满
了壁画，这些壁画又被镜子加以反射，结合斑斓的吊灯，走
在这条长廊里，可能唯一的感觉就是"壕"。

　　到处是镶金的装饰，仿佛有一种置身梦幻场景的感觉。
首席设计师是当时路易十四的御用建筑师芒萨尔，他虽为法
国皇室服务，却擅长将法国古典主义与意大利巴洛克风格相
混合，这也使得凡尔赛宫没有从里到外被设计成一座冰冷的
古典主义纪念碑。

23

不过这座建筑也有不少的**槽点**。被吐槽得最狠的就是这样庞大的一座宫殿，居然**没有厕所**。为了使建筑保持中轴对称的格局，建筑内部没有独立的卫生间，这就导致了在开 Party 过程中，不管男女都只能跑到室外的**楼梯下面**去"方便"，这简直令人发指。

你可能还会好奇那平时生活在里面的皇帝和贵族们是怎么**"解决问题"**的，这主要是靠当时一种叫作**"嵌椅"**的家具，将一个椅子面挖空，下面接上个尿壶。基本上算是最原始的**"坐便器"**了。据说当年的旺多姆公爵就喜欢坐在"嵌椅"上**一边"方便"一边见客人**，甚至在客人面前"优雅地"擦屁股，由此得到一个**"天使的屁股"**的称号。今天如果你去凡尔赛宫旅游，也请一定要在外面先解决掉，否则进入这座迷宫一样的建筑后很可能会面临**"找不到厕所又绕不出去"**的尴尬。

宫局部，处处体现着精致的法国宫廷文化

质疑

纵观法国古典主义建筑理论，坚持这个世界上存在着**终极、客观**的美，并且古典主义建筑师们在古罗马的理论基础上，对建筑的**比例、尺度**关系等进行了更深入的讨论，并且提出了一些富有逻辑性和简洁性的法则，用这种理性主义去同当时"肆意发挥""毫无章法"的巴洛克风格相抗衡，两股力量的斗争成就了当时欧洲的两大风格支柱，都为后世留下了宝贵的遗产。

当时的法国算是欧洲最强大的国家，周边逐渐建立起来的欧洲新民族国家都以**效仿法国**的一套宫廷礼仪及相应的生活习惯**为荣**。这些国家也会派遣设计师到法国去学习法国的古典主义文化，甚至包括当时的意大利。

　　不过古典主义在理论上是否有些"极端"呢？过于强调固定的规则，加上这种理论又为当时的中央集权所利用，只崇拜古罗马的建筑，对历史上其他建筑风格进行了片面地否定。

　　况且人的审美是不能脱离社会和历史的发展而独立存在的，就好比不同时代、不同地域、不同文化会导致不同的审美，并没有什么绝对完美的法则可以凌驾于其他审美之上。即便是巴洛克风格当中的一些展示个性、不确定性的表现手法，对于艺术来说也是不可或缺的。

法国凡尔赛宫"冰冷""严肃"的一角

：对所谓"完美秩序"的批
到今天都在持续。有"强调"
人，就一定有"无视"秩序
图为美国现代建筑师弗兰
设计的美国迪士尼音乐厅。
"解构主义"的大师，他设
经常"无视"所谓的秩序，
说就是：你们认为比例、和
好的建筑，那我偏要打破这
，用混乱、无序的手段。这
到今天虽然依旧充满争议，
疑问已经是建筑中的经典

随着**启蒙运动**在法国蔓延，资产阶级革命一次次的冲击着法国宫廷的统治，随后这种代表宫廷文化的古典主义观点也开始遭到一波接一波的**质疑**。

何况即使是在法国宫廷当中，奢靡的皇室成员和贵族们对于巴洛克风格所营造的那种梦幻的氛围也是非常喜欢的。克·彼洛首先**公开质疑**古典主义中的所谓"完美比例"说法，认为这些只不过是建筑师之间互相抄袭的借口。

经过**理性判断**的美只是一方面，那种**灵光一现**的美，不完全遵从古典比例的美往往也会带来**意想不到**的效果。但这场辩论中，大多数人还是支持学院派复古的观点，依旧认为古代的建筑师是最完美的且不可超越的。不过这次辩论首次**动摇**了古典主义的**根基**。随后由于法国贵族势力短暂的"**回光返照**"，衍生出了巴洛克风格基础上更进一步的"**洛可可**"风格。

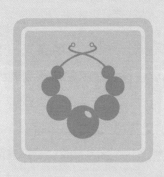

妖艳的洛可可

建造凡尔赛宫几乎**掏空**了国家。18世纪初期，法国社会已经**民不聊生**，这是法国大革命之前波旁王朝最后的时期，皇帝越来越管不住手下的贵族们，整个法国的**上层**生活**糜烂**，大家好像都在进行着最后的狂欢。而这段时间里，在法国的**贵族阶级**圈子里，悄然兴起了一种叫作"洛可可"的风格。这种风格用一句话概括就是：

●------ 奢华程度碾压巴洛克 ------●

纵观欧洲建筑从古希腊一直到今天，各种建筑风格中把**装饰艺术**用得**最极端**的风格，应该也就是洛可可风格了。

柔美的洛可可室内风格

皇室的辉煌一去不返，贵族们也不再像之前那样以融入凡尔赛宫为荣，取而代之的是纷纷躲在自己的**私宅**中享受懒散的生活。逐渐地，绝对君权时期讲究**"威严"**和**"爱国"**的基调已经**不再受到关注**，取而代之的是**"轻柔"**和**"自在"**的趣味。之前提到了法国的上层阶级姑娘们对艺术风格的影响再次显现出来，她们往往自小受到宫廷礼仪的**熏陶**，有着很好的审美。

从艺术风格来看，洛可可风格受到了意大利巴洛克风格的影响较深，但是两者也有着很大的不同。

当时的绘画中出现的洛可风格的杯

蓬巴杜夫人，当年欧洲的时尚界女王、带货一姐

首先，**洛可可**风格跟其他的建筑风格不一样的地方，它是一种以**室内装饰**为主的风格，建筑的外观上依然比较简单，有的甚至保留了古典主义建筑的外观。古典主义在建筑形式上过于重视平面和立面的**中心对称**，这样就会导致一系列的**功能布局**出现问题。

洛可可风格的杯子

黑板：例如你观察一下自己的家，如果跟你说以客厅间为轴线，两侧的房间都完全对称，左边有厨房，那右边也要放一个厨房（即你并不需要这么多厨房），边有卫生间，那右边同样位置也要放一个。你可能觉得这种房间根本就没办住嘛。

黑板：让洛可可风格火遍法国的就是国王路易十五情妇蓬巴杜夫人。这姑娘对是当时整个法国甚至欧的"时尚风向标"，本身是个大美女，而且在被路十五看中之前就已经算是时法国的"顶级时尚设计'了。基本上做到了她玩么风格，就能让法国社会行什么风格，简直就是当的"带货女王"。

事实也的确如此，古典主义建筑没能很好地解决功能问题。我们之前提到过建筑的三大要素：坚固、美观、实用，古典主义建筑师们选择了"美观"而**放弃**了**"实用"**。这种做法出于政治或者其他什么原因也好，总归是没能很好地融合两者。那么这种做法就必定会受到质疑，毕竟房子是人每天生活的场所，不"适用"的房子早晚要出问题。

洛可可杯子

33

所以我们会看到在后来路易十五时期，凡尔赛宫里的很多原本很大的房间被分隔成了**更适宜居住**的**小房间**。洛可可风格的房间里极少出现方形的窗框或墙角，绝大多数建筑构件都是**曲线**的，一层层"油腻"的装饰**反复堆叠**。但与巴洛克风格不一样的是，洛可可风格的**装饰主题**可以使用**任何形式**，只要"好看"就行。

洛可可风格的

　　大量地使用镶板和镜子铺设室内，窗子四周用柔顺的涡卷装饰（洛可可风格很喜欢用**植物**作为设计主题），墙体表面也多用很浅的浮雕覆盖。绸缎幔帐缠绕垂挂在空间中，今天我们经常看到的复杂的"欧式水晶吊灯"也是从那时候开始流行。整个房间的色彩以嫩绿色、公主粉、公主蓝和白色为主，也有很多用**木材本色**直接外露。房间的顶棚经常画满了蓝天和白云。整个装饰风格倾向于**自然元素**，各种细密的植物草叶，贝壳的雕塑装饰。

此外，洛可可风格的装饰不像古典主义那样重视**对称性**。从墙上的壁柱到桌椅家具，都采用了完全不对称的装饰手法，这些构件和物品的每个细节都是独一无二的，更像是**自然生长**出来的，而非几何化的比例和对称。

洛可可风格凭借着它的"网红"特质，迅速"攻占"了法国宫廷和贵族女性这块市场。18世纪的欧洲刮起了一阵"洛可可风"，这种美丽、柔软、亲切的风格正好迎合了当时日薄西山的法国贵族们那种**看不到希望**又**无聊**的心情。同时，洛可可风格也是人们**看腻了**高高在上的古典主义以及放肆夸张的巴洛克风格，而进行的一种**抗争**。比起前两者，也许洛可可风格更适合于人们的**日常生活**吧。

罗马耶稣会教堂金碧辉煌内部，典型的巴洛克风格

1789 年爆发了法国大革命，按照教科书上的说法：愤怒的底层人民攻占了巴士底监狱，紧接着革命蔓延到全国，最终将皇帝路易十六送上了断头台。

这个时期，西方世界处于由封建社会向资本主义社会**大转型**的时期，英国开始进入工业革命，**传统美学观念**首次受到**机器**的挑战；美国刚刚独立，也要寻求符合自己政权统治的建筑风格；法国则在后来拿破仑的带领下进入了一系列反反复复的捍卫资产阶级革命成果的战争中。

这个动荡的时期，建筑的发展又将如何？复古是唯一的道路吗？工业时代的到来将对建筑产生怎样的冲击？

●------- **本章·完** -------●

帝国末期，欧洲国家纷纷开始进行推翻国王统治的革命。图为法国人民攻占巴士底狱

第二章　资产阶级革命时期

资产阶级革命与工业革

帝国荣耀：古典复

田园小清新：浪漫主义与哥特复

群魔乱舞：折中主

玻璃与钢铁的华尔

超级温室：伦敦水晶

建筑……

资产阶级革命与工业革命

资产阶级革命对建筑的影响

从 17 世纪到 18 世纪，欧洲发生了**两件**改变世界历史的重大事件：英法相继爆发了**资产阶级革命**以及由生产力的发展引起的**工业革命**。这两大事件直接将欧洲从上千年的**封建社会**带进了**资本主义社会**，也对接下来两百年间的欧洲建筑发展产生了巨大的影响。

英国在 1688 年议会发动了"光荣革命"，随后颁布了《权利法案》，开启了**"君主立宪制"**的大门。1776 年**美国独立**再次刺激了欧洲的资产阶级革命。法国则是启蒙运动的中心，1789 年的法国大革命直接将皇帝路易十六送上了断头台，随后代表**资产阶级**的**最高领袖**拿破仑称帝，为了巩固革命成果，对其他国家（主要是这些国家内支持皇帝的势力）纷纷发动战争。

《自由引导人民》
浪漫主义画家欧仁·德拉克罗瓦

了解这段时间的建筑发展，最重要的一件事就是先要搞清楚**资产阶级到底为什么要革命**。弄懂了这个问题，自然就会明白这段时间里各个国家使用的建筑风格及原因。

我们得先弄清楚**古代欧洲**的一些基本的社会结构。首先，封建社会中处于最**底层**的是**农民**和**小手工业**人群，他们是**被统治阶级**，但也是**人数最多**的阶级。往上一层就是**贵族阶级**，人数相对较少，但手里往往有**军队**。再往上就是**皇帝**了，皇帝也算是**"最大的贵族"**，手里也有军队。古代社会的基本结构就是皇帝带着一帮靠**血统**或**军功受封**维系起的贵族们，统治压榨农民和小手工业人的一套玩法。（很多时候皇帝和贵族也互相掐）

但如果你要是皇帝和贵族，最担心的就一定是下面的阶级**造反**。如果农民真的起义了，**派军队直接镇压成本太大**，搞不好打输了还会把自己的命给搭进去。那么最省钱和最安全的方式就是讲个故事，用**"吓唬"**和**"画大饼"**的方式让老百姓乖乖地每天干活来养活自己就行了。

《拿破仑一世加冕大典》，雅克·路易·大卫

　　那么这个故事就要讲得**滴水不漏**，这样老百姓才能被"唬住"。人类最早靠**巫术**，后来由**宗教**担任了这个讲故事的角色。以基督教为例，就是让人们别总胡思乱想，上帝在天上看着你。你不信全社会（其实主要是统治阶级，只有他们有话语权）都会谴责你。

　　所以在古代欧洲，**教皇**和**皇帝**经常因为互相需要而抱在一起（虽然偶尔也有小矛盾）。教皇说："我是**上帝的代言人**"。然后指着皇帝说："上帝指定的这个人来做皇帝，我负责转达给你们，大家都要听皇帝的。"这就叫**"君权神授"**。在资产阶级出现前，全世界的古代社会基本都是这套玩法，只不过"讲故事"的内容不同国家会有**不同版本**。

但你可能会有疑问：那以前的人为什么这么傻，讲个故事你就信了？这点请大家换位思考，今天我们上学，你学的基本上是《数学》《物理》《化学》《生物》这类的课程。但在古代欧洲，那时候的"学校"只教一门课——《圣经》。如果一个人从小就接受神学的教育，他自然会认为上帝是天经地义不需要怀疑的。

可是后来社会上出现了一个新的群体——**商人**。这些人刚开始虽然没有地位，但是钱特别多。钱多了，多到**"富可敌国"**（例如之前提到的美第奇家族），就自然会开始寻求政治上的**话语权**（人之常情）。但是贵族和皇帝的位置就那么多，突然冒出来一群商人想**"分蛋糕"**，自然会遭到原本皇帝和老贵族们的**打压**。所以全世界的古代历史上神奇地出现了相同一幕：**贬低商人**（其实都是上层阶级在贬低他们）。

敲黑板： 西方耶稣说：富人想进天堂，比骆驼通过针眼还难；中国古代但凡提到商的词句，就没几个是褒义的奸不商、商人重利轻别离）。为电视剧《皓镧传》中的人吕不韦，早期常由于商份被看不起。

但是随着商人这个群体越来越有钱，几代人下来就形成了所谓的**"新贵族"**。这些**靠钱**发达的"新贵族"们力量积蓄到一定程度，很可能就会集体站出来挑战**靠军功**和**血统**发达的老贵族和皇帝。如果这时候赶上**手段狠**的皇帝，往往还镇得住；如果不巧赶上个"软蛋"皇帝，国家基本就要乱套了。但是商人们目的都一样：**为了权力**。

这些"新贵族"们组成的新阶级，就叫作**资产阶级**。他们推翻"老贵族"和皇帝的斗争过程，就叫**"资产阶级革命"**。资产阶级想造反，当然要拉上数量庞大的**农民阶级**兄弟做**帮手**。所以也要有自己的一套"故事"（自然就不可能是宗教）。这套故事演变成了后来的"启蒙运动"。

搞清楚了这些，你才能明白拿破仑当的这个"皇帝"跟之前的皇帝是不一样的。他是代表**"资产阶级的皇帝"**。

拿破仑当上皇帝为什么与其他国家一直打仗？因为其他国家的皇帝和老贵族们都坐不住啊，你法国资产阶级老大都能**造反**了，如果不现在打压你，那我们国家的"新贵族"们也可以**对我们做同样的事**，这绝对是"零容忍"的。

事情就是这样。总之吧，后来各国的资产阶级还是在斗争中纷纷获得了胜利。但皇帝毕竟不会坐着等死，说我们来谈谈吧：你们让我继续当皇帝，但我只是个**吉祥物**，国家**实际管理权**给你们（不给也不行），我也向老百姓承认你们**篡权**的**合法性**，大家都别撕破脸，怎么样？所以这段时期很多国家会搞出一个过渡型政体：

●------ 君主立宪制 ------●

所谓"君主立宪"，就是皇帝变成了没有实权的摆设。有些国家的皇帝**还算老实**，就一直做到了今天，例如**英国和日本**。但有些"脑洞清奇"的皇帝总想着有朝一日还能**"复辟"**，结果惹毛了资产阶级，直接让皇帝彻底走人甚至斩草除根，例如**法国**。

想必你已经对这段时间欧洲主要国家的革命背景搞清楚了，接下来我们就来说这个时期的建筑。随着各国资产阶级纷纷崛起，除了找到支持自己统治的理论，另外就需要有能**代表自己的艺术风格，建筑**就是一个非常重要的手段。

法国国王路易十六，欧洲历史上为数不多的被处死的国王之一

　　这些建筑风格一来要体现自己的**政治立场**，二来就是**决不能沿用我推翻的政权的建筑形式**。那么可想而知，这段时间里，整个欧洲社会政治动荡，各种启蒙思想不断涌现，冲击着旧社会各个方面，不同国家也就产生了相应几种建筑风格倾向。以上就是**第一件**大事：**资产阶级革命对建筑的影响。**

左：布达佩斯市政厅；右：伦敦塔桥　　　　后来的欧洲各国都逐渐采用了符合自己国情新建筑形式

工业革命对建筑的影响

19世纪中叶，欧洲各国的工业革命已经发展到相对成熟的阶段，尤其是**重工业**发展迅速。这其中的代表就是**铁产量**大幅度增加，回想一下我们前面提到的建筑，大多是用木头、石头和天然混凝土作为主要结构材料，铁和玻璃则只是主要用于建筑**装饰**。原因就是工业革命之前，炼铁的技术不高，产量很低，所以找不到这么多的铁来建造房子。而像木头、石材和混凝土则遍地都是，直接拿来就能用。

工业革命释放出了生产力，导致了铁的产量大幅增加，为建筑的**升级转型**提供了**先决条件**。

敲黑板：不可否认的是，铁作为建筑材料，整体性能确实非常好，今天我们城市里动辄数百米的超高层建筑，绝大部分都采用了钢结构，钢就是铁的"升级版"。图为雷姆·库哈斯设计的中央电视台总部大楼。

《轧钢工厂》，门采尔

另一点是工业革命将人们从**分散居住**的**农村**聚集到**人口密度巨大**的**城市**里，欧洲形成当时像伦敦、巴黎这样的超大型城市。但**用地**毕竟**有限**，所以需要建造更多的**高楼**，这就推动了**高层建筑技术**的发展。

但高层建筑的大量兴建又带来**交通阻塞**和**卫生不良**等城市问题。城市中出现了大量以前从没有过的**新功能公共建筑**。例如大型的银行、工厂、办公楼、议会大厦等。这些全新功能的建筑在**风格**或建筑**外观**上，要怎么去处理，都是摆在这个时期建筑师面前的新问题。

以上是**第二件**大事：**工业革命**对建筑的影响。

在西方世界资产阶级纷纷开始革命的这两百年间，由于不同国家革命的程度、工业发展的程度均有所不同，建筑的风格也是乱作一团。但大致上可以分成**三个方向**，分别是以**法国**为中心的**古典复兴**，以**英国**为中心的**浪漫主义**和以**美国**为中心的**折中主义**。

帝国荣耀:
古典复兴

首先，这里的"古典复兴"和前面提到的"法国古典主义"是不一样的。古典复兴是资产阶级革命这段时间，以**法国**为**中心**，在当时**启蒙运动**的影响下展开的建筑运动。此时的法国建筑刚从巴洛克与洛可可时代走出来，这种代表皇室的奢侈风格让**新兴的资产阶级**感到**做作**与**恶心**，他们打出的口号是"自由""平等"，用这些理论来对抗封建专制。

这种对**民主**与**共和**的追求，自然追溯到了**老祖宗**古希腊（民主）和古罗马（共和）。加上自从文艺复兴以来，欧洲的考古学发展迅速，一座座古典时期的建筑甚至城市被发现，人们发现千年前的古罗马本身就是一个**近乎完美**的存在，波旁王朝的统治下所提倡的所谓"古典主义"则是皇权的"狗腿子"，根本无法代表古希腊和古罗马建筑的**真实面貌**。这些原因都对建筑形态上向古希腊和古罗马的学习产生了推动作用。因此法国建筑也产生了代表古典复兴的两种倾向：**罗马复兴**和**希腊复兴**。

代表建筑主要是一些服务资产阶级政权的公共建筑，例如议会大厦、银行、法院、博物馆等。图为法国巴黎歌剧院

法国

自从拿破仑当上了皇帝，开始飘了。于是试图建造一批能代表自己建立的国家风格的建筑物，**历史上**哪种风格最能代表自己的帝国呢，巴洛克？太俗了；洛可可？那是我推翻的朝代的风格；哥特式？那是教会宣扬迷信的工具；直到他看到了古罗马的屋大维、凯撒这些皇帝们，不就是**今天的我**吗？而且我比他们还要**优秀**。我所建立的新国家，要比肩甚至超越当年的罗马！所以在拿破仑在位的这十几年当中，在巴黎建造了一大批**仿古罗马风格**的建筑，只不过建筑**体量**要比后者**大**得多。

《王座上的拿破仑一世
奥古斯特·多米尼克·安格

巴黎万神庙

敲黑板：这种建筑主要是耀战功的纪念碑，没有什实际的使用功能，建在道上，军队得胜归来时从面穿过。上图为巴黎雄师凯旋门。

"罗马复兴"成了法国的主流，拿破仑在法国以**巴黎**为**中心**建立了一批仿造古罗马建筑的纪念碑，例如星形广场凯旋门，在拿破仑时期叫作**雄师凯旋门**。凯旋门这种建筑在古罗马街道上非常普遍。但拿破仑的凯旋门无论是在建筑**体量**还是**细节**上，都远胜于古罗马的凯旋门，可以说是"**古罗马凯旋门 2.0**"。

巴黎星形广场及中心的雄师凯旋门

• • • • • • • • • • • • • • • • ▶

由于这座巨大的凯旋门阻塞了交通，所以围绕它在四周开辟了一个广场，就是一直沿用到今天的星形广场。当然，法国此时也有**希腊复兴**风格的建筑，例如**玛德琳教堂**。

黑板：原本是抹大拉教堂，支仑在原地建造一座用来耀军功的庙宇，建筑的外几乎直接照搬了古希腊常见庙宇，一座四周用围廊起的希腊庙宇。柱子是科所式的，但庙宇的尺度巨长度达到了近 100 米。

琳教堂，典型的"希腊复兴"

由这类建筑逐渐形成的风格，在拿破仑时期也被称为"**帝国风格**"。

英国

古典复兴在英国的建筑中也有所体现，以希腊复兴为主。例如"世界四大博物馆"之一的大英博物馆的立面就很像一座古希腊时期的神庙，立面是爱奥尼式的柱式。

希腊复兴风格的大英

此外在苏格兰被称为**"新雅典"**的爱丁堡，在当时建造了很多希腊式的建筑。也有少量的罗马复兴风格建筑，例如**英格兰银行**，这是一座罗马式和希腊式混合的建筑，从这座建筑上，能看到已经开始使用**铸铁**以及**玻璃**。

希腊复兴风格的英格

德国

　　古典复兴在德国的体现主要是**希腊复兴**。最有代表性的是位于柏林的**勃兰登堡门**。整体的形式基本仿照了雅典卫城里的**山门**来建造，立面上使用了**多立克式**的柱式。

勃兰登堡门，"希腊复兴"风格

柏林国立美术馆，"希腊复兴"风格

田园小清新：

浪漫主义与哥特复兴

当英国的资产阶级革命胜利之后，**大资产阶级**取代了皇帝成为了国家的统治者，随手将曾经一起革命的小资产阶级与农民兄弟们**丢在了一边**，这帮人当场就傻了——不是说好发达了一起享福吗？于是这个时期的英国社会上出现了一些**乌托邦主义者**，他们通过文学作品来宣扬建立一个**没有压迫**的**和谐世界**。

　　这个时期的小资产阶级和农民阶级非常郁闷，我们玩命跟着你们资本家推翻了皇帝，就是为了争取更多的权益，结果折腾了半天依然是社会的**底层**，因此他们痛恨大资产阶级，痛恨"**机器社会**"对他们的**压榨**，进而产生了"**逃避现实**"的情绪，向往**回到中世纪自由的田园生活**，对工业大城市充满了排斥。

英国曼彻斯特市政厅，哥特复兴风格

由于拿破仑打着"捍卫资产阶级革命成果"的旗号在全欧洲发动战争，也受到了以英国为首国家的抵制，外敌侵略使这些国家的**民族意识**高涨，就会更加**抱死自己本国的历史文化**，英国的

古代文化最悠久和最灿烂的，自然是中世纪时期的**哥特式**风格了，所以浪漫主义后期也加入了很多哥特建筑的元素。后来，随着拿破仑的战败，欧洲封建势力又一度回潮，教会和皇帝也更加提倡用中世纪虔诚的**宗教文化**来**强化**自己的统治。哥特式并不只在法国流行，中世纪的欧洲分成一个个零碎的小国，而当时的法国只是哥特式的中心，实际流行的区域也包括今天的德国部分境内、荷兰、英国等。

匈牙利国会大厦，"哥特复兴"风格

浪漫主义分为**两个**时期：**早期**叫作**"先浪漫主义时期"**。随着全欧洲资产阶级革命的发展，封建贵族过得越来越惨，也知道自己好日子不多了，于是便纷纷开始逃避现实，向往起了中世纪的**"田园牧歌，男耕女织"**，在建筑上主要体现为贵族将庄园建筑建造成中世纪的寨堡风格和对哥特式教堂的模仿。

这种做法从艺术思想方面来看，并没有太大的进步，但是以寨堡为原型的贵族府邸从形式上**开始挣脱**自从古典主义开始的严格的中轴对称布局，建筑**回到了**以**使用功能**为核心的**自由式布局**状态，建筑的造型、房间的大小完全遵从居住在里面的人的**生活习惯**。这个重要的现象也为后来建筑的发展打开了新的思路，甚至影响了后来的"工艺美术运动"，具体咱们以后再说。

浪漫主义的**盛期**叫作**"哥特复兴"**。也是浪漫主义在建筑领域**真正成为一种风格**的时期。

历史上，由于哥特式经常被认为是一种象征**封建落后**的中世纪宗教风格，很长时间内都被忽略，但这时的很多资产阶级对古典主义与

巴洛克的"规则"充满了厌恶，又不能接受当时刚刚出现的工业化社会，中世纪那种**田园式**的悠闲生活则深深地打动了他们。又由于此时英国对拿破仑战争的胜利，这种**弘扬国家文化**意识更为高涨，加上当时对中世纪哥特式教堂的**研究越来越深入**，都导致了建筑向哥特风格学习。哥特复兴的代表作是泰晤士河畔的英国议会大厦，也就是著名的威斯敏斯特宫。

英国议会大厦，又名威斯敏斯特宫。典型的"哥特复兴"风格

奥古斯都·普金

设计师是**奥古斯都·普金**，他自己也是一名天主教徒。整个建筑群主要由原有的威斯敏斯特宫、议会大楼、维多利亚塔等几部分组成，这座建筑从外观上看，运用了大量**中世纪哥特式教堂**的装饰手法：整体**"直冲天际"**的动势，顶部布满了大量**"尖尖的"**塔楼，表面细密的**浮雕**，布满花纹的玻璃窗。建筑的东北角还有一座巨大的钟塔，上面安放着著名的**"大本钟"**。这种手法提供了一种用原本哥特式教堂的建筑风格去装饰**非宗教建筑**的处理方案。自议会大厦后，这种风格被广泛应用在了银行、学校等公共建筑上。

大本钟

纪哥特味道浓厚的伦敦塔桥

群魔乱舞：
折中主义

1776 年美国独立，通过了《独立宣言》

19 世纪上半叶以**美国**为中心，形成了一种倾向于**将欧洲历史上一千多年间各式各样的建筑风格杂糅在一起**的样式，叫作**折中主义**。这种现象之所以发生在美国，还要从美国的历史说起。

18 世纪中后期，美国通过跟"老爸"英国多年的**独立战争**，胜利后建立了自己的联邦国家。由于最早一批美国人都是当时拒绝压迫、从英国跑出来闯世界的人，所以和当时的英法等国不同，美国从建国一开始就不存在"贵族"这个阶级。**新国家**迫切需要一种能被广大资产阶级接受的建筑风格，而这种风格，首先是**不能使用英国的哥特式**，而法国代表皇权的**古典主义**和**巴洛克**也一定要避开，所以美国的开国元勋们将**学习对象**大致锁定在了**共和国时期**的**古罗马建筑**上。

《华盛顿横渡特拉华河》，德国画家埃玛纽埃尔·洛伊茨作品

以仿照古罗马风格为开端，后来与欧洲国家之间矛盾缓和，于是美国放开手脚开始将欧洲历史上**各个时期**的建筑"**拼凑**"在一起，也由此奠定了美国"**山寨大国**"的霸主地位。此时美国最有代表性的折中主义建筑就是**美国国会大厦**，在这座建筑中，你会看到希腊的庙宇、古典主义的双柱、罗马的柱式和穹顶，穹顶上还插了个自由女神。

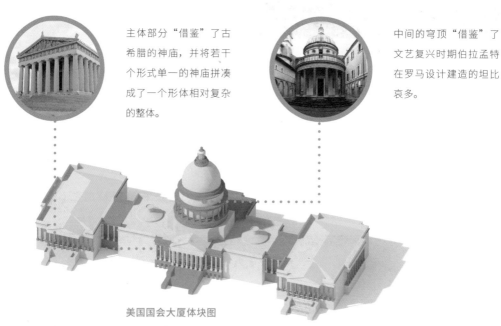

主体部分"借鉴"了古希腊的神庙，并将若干个形式单一的神庙拼凑成了一个形体相对复杂的整体。

中间的穹顶"借鉴"了文艺复兴时期伯拉孟特在罗马设计建造的坦比哀多。

美国国会大厦体块图

另外，折中主义在法国、英国等地也占有一定规模的市场，这些国家的资产阶级纷纷革命，不过当资本家们真正坐上了统治阶级的位置，便也将他们曾经鼓吹过的自由民主什么的**通通扔进了垃圾堆**。

此时的欧洲社会，由于工业革命带来的生产发展，这些"新来"的统治者们也需要更多好玩的**新风格**来满足他们的精神需求。所以，**商业社会**下五花八门的建筑如雨后春笋般生长出来，在建筑风格使用上也没什么**禁忌**和**底线**，古希腊、古罗马、哥特风甚至是东方元素，都被拿来根据不同的需求和喜好**拼凑**在一起。

这样一来，各种风格的建筑元素也逐渐被使用在不同功能需要的建筑上：哥特的教堂和银行，古典主义的议会和学校，文艺复兴的商店，巴洛克式的住宅，等等。既然如此，折中主义的建筑也就没有一个相对"**固定**"的形式，但毕竟设计师们还是经受过审美的训练，很多建筑即便是拼凑，对美学的把控和形式的推敲还是做得非常棒，也诞生了许多折中主义的经典作品。

纽约图书馆，能看到古希腊和法国古典主义的影子

玻璃与钢铁的华尔兹

到了 20 世纪初期，由于工业革命人口加快向大城市聚集，也带来了一系列的**城市问题**，对建筑的要求也不同于以前。但面对这些矛盾，无论是古典复兴、浪漫主义还是折中主义，都只是能从**历史式样**上去寻找灵感，整体上依然在"**复古**"，但时代变了，统治阶级变了，建筑的使用功能也变了，大量**新材料**、**新技术**的出现使得建筑中的**技术**与艺术的**矛盾**愈发突出，但一时之间并没有很好的解决方案。

这个时期，与结构和力学、画法几何和度量衡制度等有关的**科学体系**也逐步建立。自从瓦特改进了蒸汽机，这种"神奇"的机器很快被运用到了纺织、冶炼和运输等多个行业。人们对铁路的需求越来越大，欧洲与美国在这个时期建造了大量的铁路。我们知道，铁路的建设对于**综合技术手段**的要求是非常高的，火车要经过错综复杂的涵洞，遇到河流或断崖往往还要架设桥梁，而这种规模庞大的项目往往对**不同专业**的**分工**要求非常细致。复杂、精细分工的工程也逐渐**扩展**到了**建筑领域**，使得建筑建造技术的发展更加专业化。

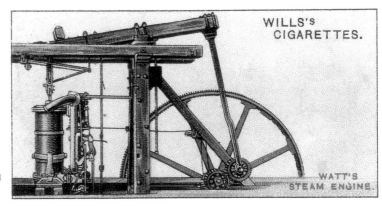

瓦特改进了蒸汽机，使得工业生产的效率大幅增加

随着冶炼技术的成熟，钢铁也开始在建筑中扮演了越来越重要的角色，钢铁相较于无论是石材、早期的混凝土还是木材，在**综合性能**（抗拉、抗压、可塑性等）上均有较大的**优势**，例如可以把建筑建得**更高**，在**跨度**上也大大突破了传统的局限。这些都为资本主义制度下新建筑的功能提供了支持。

英国梅奈悬索桥

最早的钢铁主要用于**桥梁建造**，后来一些工厂及仓库中也开始利用钢铁作为建筑的主要结构框架。1826 年英国在梅奈海峡建成了**世界上第一座铁路钢铁悬索桥**，桥长达到了 417 米。

1836 年英国建筑师约瑟夫·帕克斯顿和德斯穆斯·布顿共同完成的查斯沃斯温室设计，整个建筑**首次以钢铁和玻璃**为主要材料，形成一个超大室内空间（长达 84 米）。布顿后来又以同样的材料和建造方式设计了伦敦邱园的**棕榈屋**。

早期钢铁结构建筑"棕榈屋"

黑板：英国伦敦的国王十字火车站，《哈利·波特》中著名的"九又四分之三站台"是在这座车站当中。

资本主义社会发展的另一个结果就是出现了大量新功能的建筑：百货公司、集中办公楼、火车站等。就拿火车站来说，这种建筑往往需要**超级大**的**内部空间**。想想也对，毕竟火车要能在建筑中穿来穿去嘛。那么在当时，最好的结构材料也就是**钢铁**了。用钢铁打造**框架结构**，框架之间的缝隙用玻璃或砖根据采光等需要来填充。所以今天欧洲很多的老火车站，从内部看上去，全是由密密麻麻的金属框架一排排组合而成，比较典型的代表例如**伦敦国王十字火车站**，内部巨大的空间完全用钢铁结构支撑。

英国国王十字火车站

超级温室：
伦敦水晶宫

1851 年第一届世博会在伦敦举行

19 世纪中叶，欧洲各国纷纷扩大国际进出口**贸易**。当时各个欧洲国家以及美国都有自己主打的工业产品，今天我们打开手机用"某宝"可以轻松买到世界上其他国家的商品。但当时可没有互联网，所以各国为了展示和**宣传**本国的工业产品，有人提出建议：不如把大家召集起来办一个**产品展示会**，用来展示全世界工业圈**最新成果**。这就是最早的世界博览会，简称**"世博会"**。上海在 2010 年举办的世博会最早就是从这来的。

2010 上海世博会中国馆

1850 年，当时的"**世界老大**"——英国最先提出了举办这个大 Party 的建议，也很快得到了当时欧洲各个国家的支持。由当时维多利亚女王的老公**阿尔伯特亲王**来负责张罗，宣布让大家赶紧准备准备，**第二年**就来英国。

不过刚吹完他就"方了"，因为有个棘手的问题：很多国家，比如剽悍的德国人，打算将自己国家的**火车头**和**锻压机**送过来展览。

1851 年伦敦世博会外岛勋爵号火车

可当时全英国**没有一个建筑可以装得下**这些东西，就算是某些大教堂的室内空间勉强够用，但教堂的**门往往又很小**，除非把墙拆了，否则是不可能运进去的。

况且就算是新建一栋当时的砖石结构的房子，怎么说也得好几十年才能完工。怎么办，总不能全放在室外搞个**露天**展览吧？那英国估计就要沦为其他"列强"们的笑柄了。

于是皇室开始在全世界**招标**，最终参加竞标的有 245 人，可惜大部分人提出的方案都貌似不靠谱。就在这事儿眼看进行不下去的时候，一个英国本地的年轻建筑师提出了一个脑洞清奇的方案。这个方案可以说**改变了世界建筑史的走向**，用钢铁和玻璃的华丽组合**第一次**让世界看到了现代建筑发展的**曙光**。这就是**约瑟夫·帕克斯顿**和他的"**水晶宫**"。

▶ 伦敦水晶宫外景

帕克斯顿

帕克的老爹是一名**园艺工人**。帕克很小的时候就整天跟着他爹见识到了各种大大小小的**玻璃温室花房**。后来帕克成了一名工程师，也对这种钢铁与玻璃的组合情有独钟。所以，面对世博会这个棘手的问题，童年记忆加上职业习惯让他产生了一个大胆的想法：**快速造一个"超级温室"来容纳这大大小小的 25 万件展品。**

帕克怎样创造了伟大的"水晶宫"

第一，使用了现代建筑最**基本**的两种材料——钢铁和玻璃，**几乎放弃**了**砖石**的使用。这就使得建筑无论是从室内还是室外看上去，都与**古代建筑**那种**封闭厚重**的感觉完全不同。

敲黑板：由于建筑承重主要依靠钢铁框架，表面的"围护墙"，也就是一块块拼在一起的玻璃幕墙几乎不要承重，所以当需要将大件的展品运进建筑中，只需由工人拆掉几片玻璃，等展品移进去后再将玻璃拼上，操作非常方便。

敲黑板："装配式"的最大好处是，建造速度快，整个"水晶宫"的拼装一共只花了四个月的时间，可以说刷新了两千多年来建筑建造速度的纪录。

第二，开启了"装配式"建筑的先河。"水晶宫"所有的建筑构件首次尝试了在**各地**的**工厂**里完成生产，再运到现场根据设计好的**图纸**进行**现场组装**。预制件、拼装等都是今天的建筑依然在主要使用的手段。

伦敦水晶宫内部

伦敦水晶宫内部

第三，由于当年电灯还没有被发明出来，建筑的**室内照明**主要还是依靠**蜡烛**，很多古代建筑，例如一些哥特式的大教堂，进去后常常会感到非常昏暗，原因主要是在当时的技术条件（封闭的混凝土石墙）下无法开面积很大的**窗**，阳光就进不来。就算点蜡烛，这么大的房子也根本点不起。但"水晶宫"就不存在这个问题，从**外墙面**到**屋顶**全部是透明的**玻璃**，阳光可以直接进入室内，完美地解决了**照明问题**。

第四，**室内通风**问题，只需要在建筑两头**拆掉**几片玻璃墙，空气对流自然就来了。

第五，整个"水晶宫"建在英国的海德公园里，场地内的很多**树木**就被直接**保留**了下来，被扣在建筑里，这也算是"生态建筑"的鼻祖，最早的建筑**尊重自然环境**的案例吧。

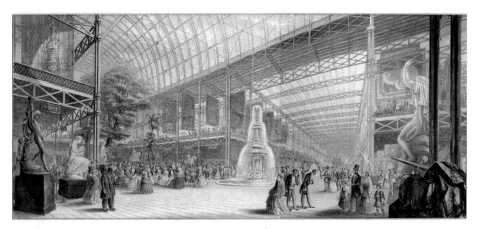

伦敦水晶宫内部

世博会开幕后，全世界来参观的人都看傻了，很多人觉得这个建筑太有意思了，从没见过如此通透和另类的房子。帕克也由于担任"水晶宫"的设计师而被历史永远铭记。

机械馆

世博会的成功举办也刺激了其他国家，从此以后每隔几年，全欧洲的强国都会争相举办。后来世博会的**中心**由**英国**伦敦转向了法国**巴黎**，1889 年由工程师古斯塔夫·埃菲尔在巴黎的中心建造了**埃菲尔铁塔**和维克多·康塔明设计的**机械馆**，分别代表了当时的**钢铁结构**能够达到的**最大高度**和**最大跨度**，成了继伦敦"水晶宫"后，又一个世博会建筑的高潮。

埃菲尔铁塔

但就在大部分人还惊讶于世博会所代表的新型建筑时，当时的许多设计师对于**新工业产品**该如何去**装饰**产生了疑问。比如一个火车头该如何装饰得很漂亮，有人在火车上加满了密密麻麻的巴洛克雕塑，或利用古典主义的手法去装饰一台风扇等等。即使是代表了新时代建筑的伦敦"水晶宫"，外表上依然有古典主义的分段式造型和线脚装饰。不管是折中主义抑或是古典复兴，都只是对**古代**风格的**搬运**。自古希腊的两千多年来，这些手法大多被一次次地使用、废弃，再重新使用，**本质**上并**没有创新**。

资本主义社会的发展，出现了大量的新型建筑：火车站、大工厂、百货商店、矿场、高层办公楼，等等，这些建筑**规模**越来越**大**，**功能**也越来越**复杂**，传统建筑的纯靠手工打造方式在速度上已经跟不上大量出现的工业建筑。而且**一座工厂真的有必要看上去跟教堂一样吗？如果没有，那工厂建筑该是什么样子？一座巨大的火车站，真的需要到处铺满古典形式的线脚和细密的装饰吗？如果不需要，那火车站应该是什么样子？**

建筑师们突然发现历史上没完没了的"复古"经验已经**无法解决**这些问题了，一些嗅觉敏锐的前卫建筑理论家们也开始注意到了**传统艺术**与**新时代需求**之间的**矛盾**。传统的艺术手法是否依然适用于工业时代的产品以及建筑？如果不适合，工业时代的建筑该是什么样子？

● - - - - - -　**本章·完**　- - - - - - ●

18 世纪后期，新功能新结... 建筑越来越多，但建筑领... 未找到与之匹配的建筑形式... 为巴黎北站，内部钢铁与... 的现代空间，外部依然只... 用古典建筑的处理手法。

山雨欲来：
复古 vs 创新

自 19 世纪下半叶以来，欧美国家纷纷进入资本主义经济飞速发展的阶段，直到 1918 年第一次世界大战结束，是**自由竞争**的资本主义被**垄断**资本主义代替的时期。这段时间内，**电力**的发展进一步促进了工业化，大城市的崛起速度加快，城市的规模也**越来越大**，由此带来了一系列**规划**、**交通**、**居住**等复杂的**城市问题**。作为工业革命的中心城市，伦敦和巴黎对旧城进行了大规模的改造，这场改造很大程度上奠定了今天两座城市的格局。

此外，欧洲其他国家也纷纷对各自的大城市进行了更新，作为现代大都市，**电网系统**、**下水道系统**、**公共交通**和**地铁**的规划都逐步开始。一切都在飞速地发展，建筑作为其中的一环，也不得不跟上城市发展的脚步。新技术新材料一波接一波地更新，它们与**旧有建筑形式**之间的矛盾也越来越**尖锐**。

法国画家克劳德·莫奈绘制了一系列工业革命时的城市

让我们把时间调回到 1851 年的英国伦敦，海德公园里正在举办首届世博会，帕克斯顿的"水晶宫"让整个西方的设计圈为之一振，这座工业时代的庞然大物让前来参观的人惊叹：**原来建筑还能这么搞！**

不过众多参观者中有一个人，在看到这座建筑后则陷入了**沉思**，他是英国本土的美术理论家、教育家**约翰·拉斯金**。在他眼里，这座"水晶宫"也只不过是一座巨大的**花房**，无论是建筑，还是里面展示的工业产品，都存在着一个严重但一般人又注意不到的问题：

•－－－－ 产品的功能与形式之间存在着严重的脱离 －－－－•

工业产品的风格定位在此时似乎急需一场彻底的改革

主要体现在这些**工业产品**的**装饰**上，不少都依然采用古典的复杂雕刻手法去装饰表面。于是之后拉斯金陆陆续续地发表了一系列著作来指出这些问题并阐明自己的美学理念。

敲黑板：即便是"水晶宫"这种全部采用钢铁和玻璃及少量木材的建筑，很多地方（如窗子）也采用了古典主义的装饰手法，形式上依然没有摆脱历史的痕迹。

欧洲近代设计先驱：约翰·拉斯金

拉斯金主要提出了几个对当时的**设计界**非常有**启发**的观点：

第一，首次将**"设计"**的概念从**"艺术"**中**剥离**出来。原本这两者并没有一个明显的区别，比方说，从古代开始我们就会发现，很多建筑师同时也是雕刻家（米开朗基罗）或画家（拉斐尔）；到了近代也有专业的工程师（帕克斯顿）等。

但拉斯金强调，"设计"是与"艺术"有关系，但是它们是两回事。用**纯艺术**的手段去做**工业设计**，就会出问题。就好比今天你让一个**古典油画专业**的人去做**产品造型设计**，结果多半不会太好。为了区分，他还提出了"大艺术"（造型艺术）和"小艺术"（设计）的概念，并一针见血地指出：**博览会出现的主要问题就是没有很好地区分这两者，进而导致了从展品到建筑的功能和造型上的混乱**。

第二，首先明确地提出了**"设计"**应该是**为大多数人服务**，而非为少数的权贵。他的这种观点也受到了当时兴起的**社会主义思想**的影响。你可能觉得这没什么，在今天，生活中充满了各式各样经过设计而使我们生活更加美好的产品。不过你想想古代，我们之前提到过的那些著名的建筑，神庙、教堂、府邸等，大多是**服务统治者**的**工具**，没有什么设计是真正考虑了**普通老百姓**的审美需求和使用需求的。

而且拉斯金觉得设计出了一些只能让少数人喜欢的东西，这没有什么意思，普通老百姓也需要艺术和设计。只有**一个国家的人多多少少都懂些艺术，国家的整体设计水平或整体面貌才能得到提升**。他也是**较早提倡**并**推行：**

● - - - - - - - **全民普及艺术教育** - - - - - - - ●

的人之一。

第三，拉斯金不像当时的大多数人一样，**彻底排斥**刚刚出现的大机器时代，他觉得**工业化**或**批量生产**这件事注定将是未来全社会的发展方向，是**不可避免**的。既然这样，适应于工业时代的设计当然要被肯定。

拉斯金的这些思想最**重要之处**是**影响**了当时及后来的一大批设计师和艺术家。在他之前，建筑师们在设计时往往只会从古典的风格中截取一些片段来"拼凑"出"新"东西。不管是古典复兴还是浪漫主义以及折中主义，历史往往都是一个循环套上另一个循环**无休止地复古**。

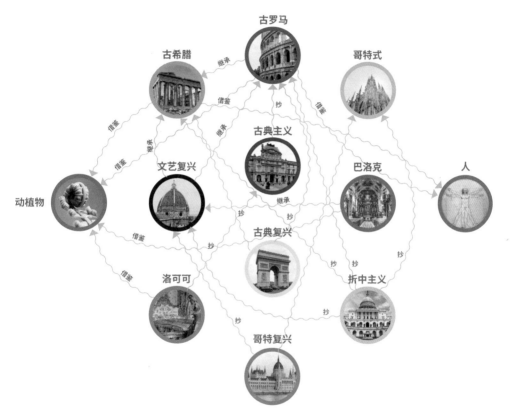

欧洲建筑互相借 (chāo) 鉴 (xí) 路线图

拉斯金以及后来的一批现代建筑先驱们，首先开始提出质疑：要不要这么继续复古下去？我们不能对已经到来的工业时代**视而不见**，设计必须**有所改变**。在他的影响下，建筑师们也纷纷开始探寻属于未来的功能和形式的和谐。不过至于未来的建筑到底是什么样子，整个欧洲则一度陷入了"**百家争鸣**"的混乱中。

有些"帮派"认为新时代的建筑没有摆脱旧时代的束缚，于是从**形式**入手，例如始于比利时后来扩大到欧洲各国的**"新艺术运动"**，荷兰的**"分离派"**等。他们主要从艺术手法切入，将当时流行的艺术风格融入到建筑当中，因此这些门派的作品大多形式夸张，用色大胆。

另一些"帮派"则强调以**功能**为原点将技术与形式统一起来，例如美国的**"芝加哥学派"**（高层办公楼的鼻祖）。这也是全世界最早探索高层建筑的一群人。

还有些"帮派"则试图为新时代的**技术**找到一种能与之相**匹配**的新艺术形式和美学观点，例如德国的"德意志制造联盟"以及"包豪斯"等。

这些不同国家的"帮派"和"个人"通过不同的路线和手段，最后却都走向了一条"相似"的路，使得建筑逐渐**摆脱**了**古典形式**的枷锁，为**现代建筑**时代的到来奠定了基础。

接下来我们来聊聊这几十年里纷纷登场的几大"重量级"门派，是如何一步步"送走"了古典建筑，并"带来"我们今天看到的建筑样子。

达摩克利斯之剑出鞘：

"工艺美术"运动

如果说现代建筑运动是一场扒下建筑古典外衣并使其融入工业社会的战役，那么"工艺美术"运动就是这场战役的第一枪……前的**准备动作**。为什么这么说？从今天来看，当时起到重要作用的几场艺术革新运动都**直接**或**间接**受到了工艺美术运动的影响或启发，不过工艺美术本身却存在一些**致命缺陷**而无法成为新建筑的开端。

这事儿具体要从一个人说起。

时间仍旧回到 1851 年的英国海德公园，"水晶宫"正式开放的第一天，上万人来到这座建筑面前，其中有一个人，也就是后来工艺美术运动最主要的代表人物——**威廉·莫里斯**，当时他只有 14 岁，据说第一次看到这个钢铁和玻璃建造的"巨型怪物"后，他**哭了**。是真的哭，可能是被气的，也可能是被吓的。因为他不明白为什么会有这么"丑陋"的建筑存在。这也不难理解，当时的人们仍旧习惯于古典建筑的**尊贵典雅**，几千年下来，这种审美已经被写在很多欧洲人的**基因**里了。

工艺美术运动代表人物：威廉·莫里斯

可能是因为这次参观受到了刺激，莫里斯决定成为一名设计师来"拯救"设计界。他最能代表自己设计立场的作品是他和朋友**飞利浦·韦伯**为自己设计的婚房——**"红屋"**。

这座房子最成功的地方在于真正将**功能需求**作为首要的考虑，真正做到了**"以人为本"**。建筑布局不像当时的大多数住宅采用完全对称的结构，而是根据功能的**实际需要**做成了不对称形式；建筑的表面也没有做任何粉刷装饰，直接将红砖和木结构**暴露**在外；并加入了许多哥特式建筑的元素，例如塔楼、尖拱等。

这座建筑一经建成便受到了当时业界的好评，也奠定了"红屋"——**工艺美术运动第一代表作**的地位。

敲黑板：当时莫里斯在置家具时，失望地发现很难到自己喜欢的房子及家当时市场上的产品在这计师眼中不是装饰过于堆就是和大多数工业产品的"简陋"粗糙。于是他定拉上好朋友韦伯一起房子和里面的家具，这也是作为一名设计师最后强了吧。

工艺美术运动第一代表作 "红

从对**建筑发展**的**影响**来看，工艺美术运动在**装饰**上反对古典建筑的**繁琐**和**堆砌**，首次强调建筑**使用功能**的重要性，提倡**朴实**的设计，反对当时建筑行业那种华而不实、哗众取宠的复古风气，并指出建筑应该是**为大多数人服务**，而不像过去那样仅仅是为了少数精英阶层设计产品。这都是工艺美术的**进步性**。

工艺美术风格家具

但莫里斯深受拉斯金的影响，虽然承认**工业化时代**必将到来，但骨子里还是**无法舍弃**传统的哥特式建筑，面对工业化的大机器，他们都没有真正做到从心底去**接受**。他们的研究和实践**不是为了让工业产品和建筑去适应工业社会，而恰恰相反，想要通过复兴哥特风格来抵制工业化带来的"混乱"**。由于工艺美术自身的这些局限性，导致了它不大可能成为现代建筑的开端。未来的建筑怎么做，它**提出了问题，但没有从根本上解决问题**。

不过莫里斯至少开了一个头。面对当时工业革命在欧洲各国一个接一个地完成，一条条铁路、一艘艘轮船、一辆辆汽车等大量工业产品进入市场，可与之**相匹配**的设计却远远**落后**。搞艺术的人**自命清高**，不屑于去理解机器；而工人则是负责产品的制作、产品质量，在美学设计上不认为有什么改进的必要，**艺术与技术严重分离**。

一部分**立场不坚定**的人还在纠结要不要做出改变，另一部分**目光短浅**的人觉得根本没有必要改变，而拉斯金和莫里斯这些人却能很肯定地察觉：

•------- 世界已经变了 -------•

这才是难能可贵的。

工艺美术运动兴起于 19 世纪末，虽然很快就"凉凉"了，但它的部分理论影响了整个欧洲，也**点醒**了当时很多有理想有想法的年轻人，引发了接下来的一系列**真正改变世界建筑走向**的重要运动。

威廉莫里斯《玫瑰织物》，1883 年

第一滴血：
"新艺术"运动

黑板：当时欧洲和日本走得很近，日本的浮世绘艺术入也对欧洲艺术产生了非大的影响。下图是法国印派画家克劳德·莫奈为自妻子Cosplay的一张美当时日本文化风靡欧洲。

接过"工艺美术"运动这一棒的是"新艺术"运动。这场运动始于艺术设计领域，后蔓延到建筑领域，可以说是**真正开始**将建筑的发展**坚决地**从古典中**剥离**出来的运动。早期还大多停留在形式上，后来逐渐发展至功能。这场运动席卷欧洲十余年，也是这十余年造就了一大批欧洲**新锐建筑师**，正是这些建筑师后来为建筑走向现代化做出了巨大的贡献。

"新艺术"运动和"工艺美术"运动有哪些相似和不同？**相似**的地方在于，都是对前一阶段**"过分堆砌装饰"**盛行的不满与反叛；也都提倡**向大自然学习**，比如运用大量的植物作为造型的灵感来源。**不同**的地方在于，"工艺美术"运动的主要手段是运用哥特式风格手法；"新艺术"运动则**摒弃任何历史上的元素**（这是一个重大意义的进步），完全拥抱了"新风格"（当时以自然风格为主），喜欢曲线。所以"新艺术"运动也被称作一场**"曲线"**运动。不过以上相同与不同也**并非绝对**，在不同国家的不同团体中也有很大的差异。

法国的"新艺术"运动

"新艺术"这个词**最早**出现在法国的一家画廊——**"新艺术之家"**。后来的历史学家取"新艺术"来为这场影响欧洲的运动命名。不过在法国，"新艺术"运动主要体现在公共设施、平面设计、家具设计和室内装饰领域。从19世纪末到20世纪初，**巴黎**一直是**现代艺术**的**中心**，云集了全欧洲的著名艺术家和设计师。

我们熟悉的**"印象派"**最辉煌的时期就是以当时的巴黎作为据点。在1900年的巴黎世博会，向世界展出了一大批"新艺术"风格的作品，对其他国家的设计师和建筑师产生了较大的影响。

敲黑板：新艺术运动时期作品最大的特点就是大量运用柔滑的曲线，这些曲线的灵感主要来源于自然界的植物，所以在新艺术时期的无论是绘画、海报、布料图案还是家具中，基本看不到以往的装饰符号。下图是新艺术运动时期著名画家慕夏的《春》，画中大量的植物被当作一种装饰。

法国一家名叫"新艺术之家"的画廊

敲黑板：只要看到画面的中大量运用植物作为装饰，基本都是这个时期的作品。

巴黎奥赛美术馆里留存的大量新艺术时期家具精品

今天巴黎的奥赛美术馆里存放了大量当时法国的"新艺术"室内装饰和家具，这些室内装饰和家具整体大多呈现一种明显的**自然主义手法**（喜欢运用各种"弯"的元素），模仿**植物**形态和花纹，在这些设计中基本看不到任何直线元素。

比利时"新艺术"运动与凡·德·维尔德

"新艺术"运动在欧洲的**另一个中心**位于比利时的布鲁塞尔。当时的比利时出现了一大批**民主思想浓厚**的艺术家和建筑师，这帮人也坚持提倡艺术和设计的服务对象不再是少数精英而是广大人民群众。当时比利时最牛的一位设计师叫**凡·德·维尔德**，他身兼画家、建筑师、教育家和理论家多重身份。

巴黎早期的一些先锋艺术活动里都能看到他的身影。和当时的大多数理论家不同的是，维尔德是**第一个**对于**机械和新技术**持**全面肯定态度**的人。他坚定地认为**"技术是产生新文化的重要条件""创造出实用的设计"**，第一个肯定了**"功能性"**才是未来设计的第一原则。

"新艺术运动"导师：凡·德·维尔德

塔塞旅馆从外到内呈现出强烈的植物风格

后来维尔德为了巩固他的思想，在德国进行了一系列的工作，因为当时德国的整体氛围还是比较理性和现实的，没那么多所谓的"古典情怀"。维尔德指出：机械不是什么需要抵制的东西，**合理**地**利用**它们一定会引发新的、历史上从没出现过的**建筑革命**。

同时也提出了**工业与设计结合**的三大标准：

产品设计结构合理 · 材料运用严格准确 · 工作程序明确清晰

在当时能有这样的见识，足见维尔德的眼光已经超越了同时代的大多数"同行"。这些观点和理论也使他真正成为**世界现代设计**最重要的**奠基人**之一。

同时，维尔德也较早看到了国家设计水平的提升要从**学校教育**入手的重要性。1906 年，他来到德国的魏玛，在当时魏玛大公的支持下，开设了一座学校——**魏玛工艺与美术学校**，它是**欧洲第一个**专门从事**设计教育**的学校。

今天的德国魏玛工艺与美术学校依旧保留了当年的样子

这个学校一直维持到 1914 年第一次世界大战爆发，战后于 1919 年由格罗皮乌斯重新开设，并为它改了一个名字，就是战后影响欧洲设计圈几十年，直到今天依然是每个建筑专业学生心中的圣地，大名鼎鼎的"**包豪斯**"（关于包豪斯和格罗皮乌斯的精彩故事我们后面再聊）。

英国"新艺术"运动与麦金托什

"新艺术"运动在英国也流行过一段时间，英国的"扛把子"建筑师叫**麦金托什**。他的主张在当时主流的"新艺术"看来，都非常"叛逆"。比方说"新艺术"运动喜爱曲线，他就大量运用**直线**；"新艺术"提倡自然形态和有机形态，他则喜欢在设计中大量运用简单的**几何元素**造型；"新艺术"

鄙视黑白色彩，反对工业化，他则在设计中运用**黑白**等色彩。他的理论也为**机械化**、**批量化**和**工业化**的拓展打开了通道，影响了本国和欧洲其他国家的一批设计师，代表作是**格拉斯哥艺术学院**。麦金托什的这些主张对后来的维也纳"分离派"和慕尼黑的"青年风格"派都产生了一定影响，可以说他是从"新艺术"到"现代主义"**过渡阶段**的重要人物。

麦金托什

格拉斯哥艺术学院室外立面

奥地利"维也纳学派""分离派"

奥地利的"新艺术"运动在另一位大神**奥托·瓦格纳**的带领下成立了"维也纳学派"。1896 年他发表了自己的建筑宣言《现代建筑》，提出了**新型的建筑结构和材料必然会导致新的建筑形式，新时代的建筑应该用来满足生活需求，而非没完没了地模仿历史的风格。**

但一开始他还是主张在目前建筑风格的基础上做**"净化"**，以去除多余的装饰为主，使建筑的形态回到最初的简单的几何形态上来。其代表作品斯坦霍夫教堂，是世界上最著名的"新艺术"运动风格教堂。

奥托·瓦村

斯坦霍夫教堂

分离派总部大楼

　　瓦格纳的理论在维也纳与一些前卫艺术家和建筑师一拍即合，于是这帮人以大画家**克林姆特**为首，搞出了一个"奥地利美术协会"，后改名为"维也纳分离派"（以下简称"分离派"）。

奥尔布里希

　　这个组织相比于瓦格纳**更加激进**，提出要与历史上的所有建筑**"划清界限"**。其中的代表人物奥尔布里希为"分离派"设计了总部大楼。建筑由简单的几何形体**拼接**在一起，有方形也有圆形，表面只有**极少量**的**线脚装饰**。这座建筑今天已经成为一座博物馆，里面收藏着"分离派"的许多设计作品，尤其是克林姆特的大量壁画。

在"分离派"还没有完全摒弃装饰的时候，另一位维也纳的建筑师**阿道夫·路斯**用自己的作品斯坦纳住宅向设计界表明了自己与古典**势不两立**的态度。这座几乎纯白色的房子**完全放弃**了任何装饰。立面上只有几排简单的门窗洞。按照路斯的说法，建筑真正的美不是靠附加的装饰——建筑本身最原始的形态就是它的美。他最著名的观点：

●------- **"装饰即罪恶"** -------●

表明了他坚决抵制**"为了装饰而装饰"**的决心。

阿道夫·

"一丝不挂"的斯坦纳住宅

德国"青年风格"运动与彼得·贝伦斯

"新艺术"运动到德国后换了一个名字,叫作**"青年风格"**运动。整体情况与法国和比利时差不多,也是由艺术家最先发起,试图通过恢复手工艺传统来"拯救"当时混乱的设计圈。提到德国的现代设计奠基人,一定要数**彼得·贝伦斯**。

他被称为**"德国现代设计之父"**。之所以是"父",是因为这个人不但自己设计牛,更厉害的是,后来**改变世界建筑走向**的四位现代主义大师,除了一位远在美国,另外三位年轻的时候都曾经在他的工作室打工,基本上算是他一手培养出来的**徒弟**,他们三人日后也成为了现代主义建筑的奠基人。可以说贝伦斯通过这三个人的手**改造**了世界建筑。

格罗皮乌斯:百年前一手创办包豪斯学校,颠覆整个德国设计教育界后蔓延全欧洲,教学体系一直持续到今天。

彼得·贝伦斯

密斯·凡·德·罗:将摩天大楼的概念推广至全世界,改变今天世界城市三分之二的天际线的男人。

勒·柯布西耶:近代建筑革命第一人,提出的"机器美学"及"粗野主义"概念改造了众多第三世界国家面貌。

贝伦斯早年也和当时的其他设计师一样，受到了"新艺术"运动的影响，后来在**慕尼黑**成立了"青年风格"组织，这段时期，同样活跃在维也纳的"分离派"的一些设计主张也对他产生了影响。早期比较有代表性的作品是"贝伦斯住宅"。

敲黑板：贝伦斯也为 AEG 计了一系列工业产品。产品包括电风扇、钟表尊重产品本身最原始的功形象上无一例外的简洁，有多余的装饰，而且这计出的产品完全符合工代需要大批量生产的要产品都被分解成标准化件进行集中装配组合，一种产品根据不同的材然呈现不同的外观，一出就受到业界一致肯定。

这座房子没有任何"多余"的古典风格装饰，甚至也看不到太多的自然主义手法。整体简洁的**几何造型**，说明他在那时也已经开始逐渐脱离"新艺术"风格的影响，向现代功能主义建筑**转型**了。

贝伦斯住宅，建筑几乎没有任何多余的装饰

敲黑板：贝伦斯为公司的 Logo 也采用了简洁、别性强的方案，这个 L可以被用在与公司有关何物品上：公司职员衣服文件上，工厂的机械、和建筑上，一点没有"感"。就连公司的广告宣传海报上的字体都由并设计。实际上，他的做法就是最早的企业形计，算是全世界"公司打造"的第一人。

贝伦斯为当时的 AEG 设计的 Logo

最能代表他的设计思想的是他在 1909 年为德国电器公司（AEG）所做的**一套整体设计**。最早 AEG 委托贝伦斯来为透平机车间建一座房子，贝伦斯了解实际情况后提出为公司设计一整套包括建筑、公司 Logo 甚至是具体的工业产品。

贝伦斯设计的透平机车间，号称第一个现代建筑

：为了感谢贝伦斯，在这
建筑正前方的墙壁上还刻
了他的名字。

其中工厂建筑完全采用钢铁、玻璃和混凝土，并采用了最早的建筑**"幕墙"**模式。建筑造型简洁，由于墙面大量采用玻璃，给当时的人们带来了一种**全新**的感受。

"新艺术"与其说是一场运动，不如说它代表一个**"过渡"**时期。承接了"工艺美术"运动的部分思想，但在"新艺术"时期里，不同的建筑师们又存在着差异甚至**截然相反**的观点。其中一些人，例如贝伦斯等也开始敏锐地抓住了新时代的节奏，开始向"现代主义"一点点地靠近了。

Technology

双杀：

德意志制造联盟

"德意志制造联盟"脱胎于"青年风格"运动。1907 年，由德国现代主义建筑的重要先驱者**霍尔曼·穆特修斯**和**彼得·贝伦斯**等人共同成立。由于当时的德国的工业实力已经超过了英国和法国，所以制造联盟号召本国的**设计师**与**工厂**联合起来，进一步**提升本国工业产品在世界市场上的竞争力**。

"制造联盟"主要提出了几个观点：

1 艺术和工业深度结合

2 避免政治对设计的"干扰"

3 提倡功能至上原则，全盘接受现代工业

4 坚决抵制任何形式的装饰

5 主张标准化和批量化

（这一条最重要，是"制造联盟"最伟大的观点）

在这几大原则得到认可的前提下，贝伦斯等人强调了**建筑必须与工业生产结合**，这是德国唯一的出路。

"制造联盟"在1914年的科隆举办了展览，展馆建筑则由格罗皮乌斯设计，这座房子可以说完美地表达了"制造联盟"的建筑观点，将功能与结构很好地结合在一起。内部的**结构**透过**玻璃幕墙**直接暴露在外，整个建筑干净而真实；建筑全部采用了"朴实"的平屋顶，屋顶经过技术处理可以很好地防水，人甚至还可以走上去，这种做法在当时坡屋顶**泛滥**的时期也是一种大胆的尝试。

1914年德意志"制造联盟"科隆大展综合楼

　　这种**大玻璃＋平屋顶**的全新建筑模式，也被后来的很多建筑师所借鉴。之后彼得·贝伦斯为AEG设计了透平机车间，为满足工业**采光**，建筑表面运用了大量的**玻璃幕墙**；工厂内需要统一的大空间，为了减少内部的柱子，使用了**钢框架结构**。另外，贝伦斯在这个时期设计了一些符合"制造联盟"宗旨的小型电器，如电风扇、台灯等，为**功能主义设计**奠定了基础。

在设计这些产品的过程中，贝伦斯坚持"**形式自然获得**"的思想。也就是说，产品最终的样子就是在满足了全部使用功能要求的条件下，所呈现出的**最真实**的外观。所以那些"雕花""镶嵌珠宝"的装饰手段相比之下就显得 Low 爆了。这种崇尚**简约**的设计思维后来也被世界所接受，刷新了大众关于美的认知。

**一流设计师满足人们的审美
顶级设计师引领人们的审美**

彼得·贝伦斯设计的电水壶和风扇，是当年"最潮"的设计

高层建筑的原点:
芝加哥学派

从近代开始，以美国的芝加哥为中心，陆陆续续出现了许多**高层建筑**，这些高层建筑也是我们今天动辄几百米高的"摩天大厦"的"**老祖宗**"。这些建筑的设计理念后来又反过来影响了欧洲。为什么高层建筑会诞生在**美国**？让我们回到19世纪70年代的美国芝加哥。

1871年整个芝加哥发生了一场重大的火灾，这场导致10万人无家可归的大火烧掉了市中心**几乎全部**的建筑。

1871年大火后的芝加哥城几乎沦为废墟

火灾过后，市政府开始着手城市的**重建**工作，由于市中心**用地面积有限**，又需要尽可能多的建筑面积，唯一的解决方式就是将建筑造得尽量**高**一些。大量的城市重建工作也将当时美国和欧洲许多重要的建筑师聚集到了这里，面对现实的问题，建筑师们也从实践中总结出了许多关于高层建筑不同于一般建筑的**设计原则**与相应的**结构体系**，由此引发了近代美国最重要的一个学派"**芝加哥学派**"的诞生。

威廉·詹尼

学派的创始人叫**威廉·詹尼**，他早期的作品有第一莱特尔大厦以及后来的芝加哥家庭保险公司大楼（高达 10 层）。这一派早期的作品都大胆采用了当时新出现**的高层钢铁框架结构**，都对功能与形式的统一持**肯定态度**。

第一莱特尔大厦

芝加哥家庭保险公司大楼

可惜建筑的外立面并没有摆脱当时美国的折中主义**复古**的影子，整体显得**封闭**而**沉重**。而真正将"芝加哥学派"的高层设计方法进行总结和升级，创造出整体风格简洁明快的建筑形象，并对世界现代建筑产生重要影响的人，则是著名的建筑师**路易斯·沙利文**。

温莱特大厦

瓜拉迪大厦

斯·沙利文

　　沙利文早年曾在威廉·詹尼的事务所工作，威廉·詹尼的高层建筑理论对他产生了很大的影响。后来他和同为建筑师的丹克玛·爱德勒自立门户。在这之后长达 20 年的时间，两人为芝加哥设计了**近百栋**高层建筑，其中，像瓜拉迪大厦、温莱特大厦等都是美国近代建筑历史的经典案例。

　　当时，美国设计师普遍面临一个问题：**框架结构**作为一种新结构，有多种优点，很可能是未来趋势。但这种结构必然会导致建筑**形式的改变**，这种改变到底会将建筑带往何方，谁也说不好。况且在当时也没有什么成功的案例可供参考。

在这样的环境下，沙利文第一个坚定地提出了**"形式永远追随功能，这是规律"**（form ever follows function and this is the law），也就是后来他那句经典观点**"形式追随功能"**。他认为"自然界中的一切物体都有自己的形状，也就是一种形式，一种外部的造型，从这里我们可以知道这些物体是什么以及它和其他物体有什么样的区别"。同时他还补充：**"只要功能没有变化，形式就不会变"**。

Form follows Function

形式追随功能

除了芝加哥，纽约的高层建筑也发展迅速，图为伍尔沃思大厦

敲黑板：后来在建筑后面建成了著名的世界贸易中心，它还有个悲惨的结局，"9·11恐怖袭击"中被本拉登炸毁的就是它。

用一条鱼来打个比方（当然这是我自己说的）：它要在水里生存，自然就会长出鱼鳍、尾巴、鱼鳃这些器官。它不需要走路，所以没必要长出一双长腿。

工业时代的建筑也是一样。只需满足**使用功能**，那么它就不需要繁复的雕刻装饰。你可能会说：那不对啊，建筑除使用功能之外，作为城市的组成部分，"好看"也很重要啊。虽然没有使用功能，但谁会愿意住在**毫无装饰、丑陋无比**的房子里呢？况且谁能说那些古典主义的装饰不美呢？

但沙利文强调的，所谓的新时代的建筑之美，并不是"把一双大长腿强加在一条鱼身上"的那种美，我们看那些海洋里的生物，美丽的鱼鳍和尾巴才是只属于鱼的美。建筑也是一样，**新材料**和**新结构**用新的手法结合在一起，**本身**就是现代建筑**最美**的地方，古典风格的装饰在这里就好比强加在鱼身上的"大长腿"一样，是**多余**的。

：如果真有鱼长出了腿，定是超现实主义艺术家雷各利特的《集体发明物》。

近代以来的西方设计界普遍存在一种思想，即：

简单 = 高级

敲黑板：在今天，这种决定外观的思想已经深入生活的方方面面了，观察一下你的手机，越高级的"工业美"造型往往越简单。

1905 年爱因斯坦提出质能转换方程，人们发现一个简单的公式 $E=mc^2$ 就能概括如此**深奥**的宇宙真理；建筑师密斯·凡·德·罗提出了那句近代设计界至理名言之一："**less is more**"（**少就是多**），影响了整个设计界一直到今天；中国古代道家也有名言：**大道至简**，说得其实都是一回事。

上的每一个能看到的构挖的每一个洞都是有相应使用功能的。当然，正常况下也不会有任何一家品牌会做出在自己的手"镶钻""雕花"等行

爱因斯坦用"简单"的公式便描绘出了复杂的宇宙规律

敲黑板：在现代的许多教堂内部也大量对建筑进行简化处理，用"纯的手法来处理建筑，"神圣""天堂"的效

沙利文对高层建筑的另一个贡献是他通过一系列的实践设计，总结出了**高层办公楼**的**基本设计原则**。高层建筑立面形式**"段式"**：**最下面两层**为**第一段**，**中间相同各层是第二段**，立面处理用一个个窗子；顶部设备层可以有不同的形式。

对照这些原则，看一下你每天上班的高层办公楼，是不是大多都遵守了这个规定。

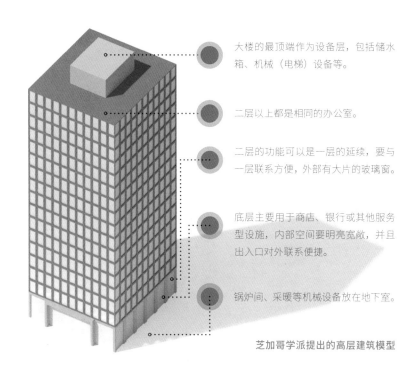

大楼的最顶端作为设备层，包括储水箱、机械（电梯）设备等。

二层以上都是相同的办公室。

二层的功能可以是一层的延续，要与一层联系方便，外部有大片的玻璃窗。

底层主要用于商店、银行或其他服务型设施，内部空间要明亮宽敞，并且出入口对外联系便捷。

锅炉间、采暖等机械设备放在地下室。

芝加哥学派提出的高层建筑模型

沙利文的这种将功能和形式完全统一起来的思想对当时的建筑界有着革命性的意义，这种思想给当时美国盛行的只考虑复古而不顾功能的折中主义一次深刻的**打击**。不过由于"芝加哥学派"在这个时候毕竟还没有成熟，当时的高层建筑大多成为了资本家们"显摆"的工具，因此这些建筑往往聚集在市中心，市中心"变态"的地价使得建筑越建越高，也由此带来了大量的**城市卫生问题**，这些在当时**技术有限**的情况下暂时都不能很好地被解决。

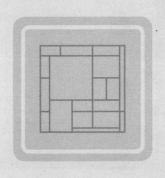

革命到底：
未来主义、构成主义与风格派

20世纪初到第一次世界大战前后，西方处于一个飞速变化的时期，在这段时间里，各种艺术流派和设计思想**纷纷登场**，**毕加索**挑起的**立体主义横扫艺术圈**，成为一场国际性运动，对产品、平面和建筑设计领域产生了**颠覆性**的影响。

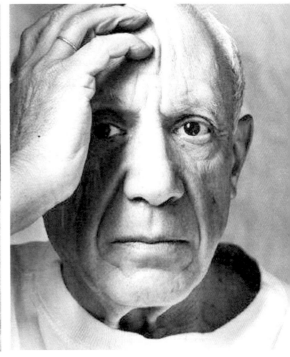

《亚维农少女》，天才毕加索开创了立体主义，开启了一个时代

同时，这段时期的**科技发展**进一步加快，新事物爆炸式地涌现出来，轮船、飞机、汽车、无线电等一次次**刷新**人们的三观。第一次世界大战也让人们看到了工业时代可怕的一面，战后大量对战争的反思，使得无论是战胜国还是战败国里的很多人都不希望按照以前的方式活下去。要求**改变**的呼声也越来越高，对新艺术形式的**探求运动**一个接一个地冒了出来。每个艺术团体都有着自己对世界的不同观点和规划。其中就包括了很多涉及**未来建筑走向**的探索。

未来主义派

这个流派最早出现在**意大利**，应该算是 20 世纪初对**机器时代**拥抱得**最彻底**的一场的运动，涵盖艺术和建筑领域。之所以说"拥抱得最彻底"，是因为这场运动的**主张**最为**激进**，对建筑和城市的设想最为大胆，以至于当时的条件和技术基本无法满足方案的实施。

打响第一枪的是意大利人**费里波·马里涅蒂**，他在 1909 年发表了文章《未来主义宣言》，大意是对工业化、大机器时代的到来兴奋不已。他提到"一辆轰鸣飞驰而过的汽车，就像是炮弹在飞奔"，认为速度、运动、战争的暴力才能代表未来的世界。对于古典，他甚至提出要摧毁博物馆、图书馆、旧的城市，一切都是要革命，**技术**才是未来的**根本**。

这种思想首先影响了一批艺术家，他们通过自己的绘画作品试图表现出"未来主义"提到的物体的**移动**和**速度**，对**动作**和**时间**的捕捉。未来主义者们也从当时流行全欧洲的立体主义中获得形式上的灵感。最具代表性的是马塞尔·杜尚的油画《走下楼梯的裸体女人》。

黑板：在这幅画中，他将一个抽象化后女人从楼梯的开端一直走到末尾的"分叠加在同一幅画中，这是第一次在幅二维平面的画中表达了四维"时间"个概念，迅速影响了当时的一大批先艺术家。

塞尔·杜尚

我的画是 4D 效果

将时间记录下来的画作《走下楼梯的裸体女人》

这个运动在建筑领域体现在**安东·桑蒂里亚**对现代建筑的影响。他认为未来的城市一定是由密密麻麻的高层建筑群组成，因为**新的生活方式必然带来新的城市形态**。也因此绘制了大量关于未来城市和建筑的构想图。

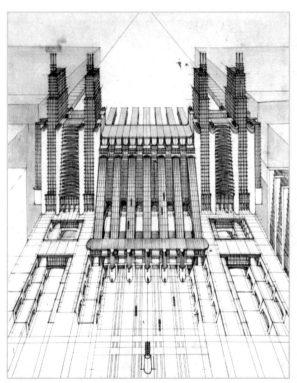

桑蒂里亚对未来建筑的一些设想草图

这些图有些现在看来甚至还有点"**赛博朋克**"的味道。他提到，未来的城市一定是**为大众服务**，利用地下或地上架空的方式，用火车作为城市内部的交通手段（这种想法在今天已经实现，就是大城市中错综复杂的地铁系统和轨道交通系统）。交通和公共空间因此分离开来互不干扰。

由于 28 岁在第一次世界大战中不幸**阵亡**，除了一些草图，桑蒂里亚并没能留下什么建成的建筑。不过他的一些关于未来城市和建筑形式的构想，对后人产生了很大的影响。直到三十多年后第二次世界大战结束，许多国家开始重新审视他的设计方案。未来主义对现代建筑的影响最主要体现在**彻底地肯定了机械本身的美感**。

巴黎蓬皮杜艺术与文化中心

香港汇丰银行有着桑蒂里亚当年草图的影子

电影《全面回忆》中的未来城市

构成主义派与风格派

第一次世界大战中，俄国建立了世界上第一个社会主义国家——苏联。此时整个社会都充斥着革命的**激情**，作为这个国家的建筑师，就是在这样一种氛围下开始了新艺术形式的探索。1920 年，弗拉基米尔·塔特林为俄国设计了一座"第三国际"纪念塔，与其说是建筑，其实更像是一个宣扬共产主义的纪念碑，它的设计高度是当时埃菲尔铁塔高度的**1.5 倍**。

未来主义将技术作为资本主义的一部分，但构成主义者的想法正好**相反**，发源于俄国的构成主义将**"结构"**作为建筑的**本质**。所以构成主义在当时的大多数作品，都很类似**工程结构物**。1920 年，俄国的构成主义团体**"宇诺维斯"**在荷兰和德国进行展出，直接影响了荷兰的"风格派"，以及德国的"包豪斯"。

"第三国际"纪念塔

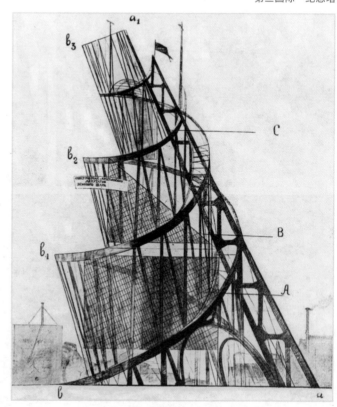

第一次世界大战期间，荷兰作为中立国，聚集了一批来自欧洲国家避难的艺术家，一时间人才汇集。1917年，荷兰的一群年轻艺术家成立了名为"风格"派的艺术组织，这个组织提倡**将传统的雕塑、建筑等元素"净化"成最基本的几何形体，再利用这些基本的几何形体进行组合来产生新的艺术形象**，包括家具、服装、平面设计、建筑等。

例如风格派的代表人物**蒙德里安**将一棵树的形象"净化"后得到基本的横竖向线条，在这些线条中用"红，蓝，黄"三种基本颜色进行填充。

盖里·里特维尔德设计的"红蓝椅子"，以及在乌得勒支的"施罗德住宅"，这座房子也是风格派在建筑中的最典型的代表。这种新的艺术形式影响了当时以及后来的一大批艺术作品。

蒙德里安将一棵树抽象处理后，得到了全新的装饰图案，为建筑、家具、平面设计等领域提供了新思路。

构成主义派与风格派对**几何形体**的追求，对**造型**的**简化处理**等手段都对后来的艺术界产生了一定的影响，作为一种艺术活动，这两种风格没过多久便消散了，但它们对当时的建筑师，例如勒·柯布西耶和沃尔特·格罗皮乌斯等人都产生了影响，而正是这些人在 20 世纪将建筑正式带入到今天我们熟悉的样子。风格派与构成主义派**功不可没**。

乌得勒支的"施罗德住宅"

乌得勒支的"施罗德住宅"室内

敲黑板：一直到后来的 19□年，时装大师伊夫·圣罗□还将这种艺术形式用在了□服上，取名为"蒙德里安□装"。他创立的品牌直到□天依然流行，女孩们肯定□道，叫作"YSL"（圣罗兰□

131

义四大神

曙光

鬼才：劳埃德·赖特

包豪斯大佬：格罗皮乌斯

冷酷的德国人：密斯·凡·德·罗

混凝土怪咖：勒·柯布西耶

曙光

20 世纪初期，欧洲的设计圈经历了近二三十年的"百家争鸣"，各种新思想你方唱罢我登场，好比一锅**东北乱炖**。在这些新思想的激烈碰撞和互相影响下，新时代的建筑形式也渐渐开始浮出水面。

作为现代主义建筑**第一批吃螃蟹**的人，无论是阿道夫·路斯，凡·德·维尔德或是彼得·贝伦斯等，在各自的理论与建筑实践中，都逐渐达成一些**共识**：建筑不再为少数精英服务而是要面向广大群众，要创造**属于大众**的建筑形式；工业革命带来了新的市场环境，相应的设计必须跟上时代的**节奏**，设计要**"向前看"**。不知不觉中，古典的样式开始慢慢退出历史舞台。

两次世界大战给欧洲留下的是一地鸡毛。大量城市遭到严重破坏，遍地废墟，有些小城市甚至整体垮掉。仗打完了，大伙消停了，问题也摆在眼前：

房子都炸没了，大量无家可归的人住哪儿？

住房短缺的问题在英、法、德国这些当时打得最凶的国家暴露得也最为充分。如何**快速**并且**廉价**地建造大量住房就成为了各国政府最着急的事情。

于是有人提出将建筑设计"**标准化**"。因为只有这样，大量的房屋构件才可以**结合工业批量化地生产**，生产的**成本**也**大大降低**，因此普通老百姓才能负担得起。对于大量快速建造，相比于石头和木材，钢铁和钢筋混凝土的优势就体现出来了。随着战后各国生产力的逐步恢复，以这两种材料为主的**框架体系**房屋便迎来了春天，被各国大量使用起来。

随之而来的就是**玻璃幕墙**技术的广泛应用。这种：

●- - - - - - - 框架体系 + 玻璃幕墙 - - - - - - ●

的建造方式也是**现代主义建筑**最明显的特征。玻璃幕墙体系则给建筑带来了新的**外观**形式，建筑不再封闭，而是变得轻盈通透。这也是现代功能主义所强调的，**决定建筑形式**的不再是古时候那样某种手法风格，而是**功能**和**材料**。形式外观只是顺理成章的结果，不必刻意去追求。

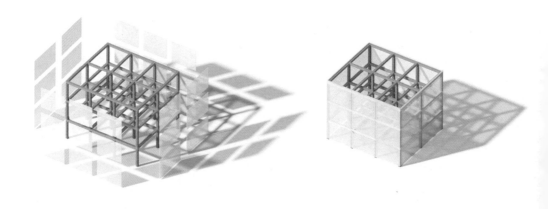

■ 梁　　■ 柱　　■ 玻璃幕墙

在这样的背景下，设计圈诞生了一批"先驱"，比如之前反复提到的阿道夫·路斯、凡·德·维尔德、彼得·贝伦斯等人，之所以说他们是"先驱"，主要是因为他们的理念在当时还并不完全成熟，最重要的是没有生产出一系列能够震撼整个国际的**建筑物**。他们真正的贡献是通过理论和实践深刻影响了后来的一批**年轻人**。

其中最牛的要数彼得·贝伦斯了。他曾经在德国开设自己的事务所，也正是这个小到不起眼的事务所先后培养出了"现代主义"四位大神中的三位——格罗皮乌斯、密斯·凡·德·罗和勒·柯布西耶。此时，在大洋另一端的美国，劳埃德·赖特也在用自己的才华改造着建筑圈。他们**"羽翼丰满"**后，便开始通过各自对建筑的实践和设计教育的改造，**彻彻底底地革了古典建筑的命，确立了现代建筑的基本体系**，进而"改变"了世界城市的面貌。

接下来我们就分别说说四位大师的一生，以及他们到底是如何"改变"世界的。

鬼才：
劳埃德·赖特

有一位建筑师，他**最早**提出了"**乡土建筑**"的概念，并将这个概念下延伸出的独特地域建筑风格复制到了**大半个美国**；他身为一个美国人，以一己之力抗衡"垄断"世界话语权的欧洲建筑界，被西方奉为经典；他才华横溢，却因**绯闻不断**而臭名昭著。他就是"**建筑鬼才**"：

弗兰克·劳埃德·赖特
Frank Lloyd Wright(1867—1959)

幼年期赖特

赖特 1867 年出生于美国威斯康星州的一个叫作查兰的小镇里，老爸是音乐家，老妈是教师。1886年，20 岁的赖特在当地的大学仅仅学习了 3 个月后便**自行退学**，独自一人来到当时美国建筑发展最繁荣的**芝加哥**。十多年前那场著名的"芝加哥大火"几乎毁掉了这座城市，此时的芝加哥正处于轰轰烈烈的**重建**当中。赖特觉得如果在大学老老实实上四年学，对自己这个天才来说无疑是一种**浪费生命**的行为。

刚到芝加哥，赖特的第一份工作，便是给**约瑟夫·西斯比**打工。西斯比也算是赖特的第一位人生导师，他教给了赖特一项**必杀技——建筑绘图**。

今天用计算机软件渲染制作的建筑效果图，几乎可以以假乱真

赖特的手绘图在今天看来绝对可以当作**艺术品**。

赖特的"手绘"效果图

敲黑板：建筑行业里，在〔建〕筑的设计阶段，建筑师设〔计好〕房子后，需要制作一种名叫〔"效〕果图"的东西，目的是为〔了展〕示给业主这座房子建成后〔的样〕子。在今天，这种"效〔果图"〕基本都会由专业的效果图〔绘制〕师用计算机渲染出图；而〔在赖〕特的年代，往往就需要建〔筑师〕"手绘"出来。一张美丽〔的手〕绘图是打动业主最好的武〔器，〕所以如果一个建筑师既懂〔得设〕计，又画得一手好图，注〔定会〕非常抢手。就好比一个〔人，〕唱歌好听那是自然，但如〔果他〕还能作词作曲，弹钢琴〔……〕那多半就是周杰伦了。

在西斯比手下工作的几年间，赖特对建筑设计有了初步的掌握。不过这种级别的小事务所注定是无法满足他的，于是赖特开始寻找当时芝加哥的顶级公司，最终瞄上了**路易斯·沙利文**的事务所。前面提到过，沙利文此时算是美国**芝加哥学派**的中坚力量，当时美国**最红**的建筑师之一。

由于效果图画得漂亮，学历并不出众的赖特被沙利文破格录用，但沙老板**一眼就看出来**赖特这种人绝不是什么省油的灯，于是提出了一个条件：可以录用你并培养你，但你要在我这老老实实地干 5 年，5 年内不许提辞职，也不许接除工作以外的任何**"私活"**，同意就签你，赖特想都没想就答应了。

然后他开始一个接一个地干私活。

挖了公司这么多墙角，自然是跟沙利文闹崩了，不过他倒也不 Care，天才怎么会在乎这些规矩呢？其实从他提前退学开始，我们就能看出赖特是一个**想了就干**，也**不管后果及外界评价**的人。这也很好地解释了他后来的一系列看似"另类"的行为。

你可以不爱我，但你不要骗我！

路易斯·沙利文

爱过，告辞~

赖特

1893年赖特开始自己单干。此后十年间，在美国中西部设计了大量小型住宅（赖特自己管这叫"草原式住宅"）。在这些建筑中，他运用砖、木材和石材，创造出一种不同于当时美国主流经常使用的复古风格房屋。**历史装饰符号**被他**完全抛弃**，建筑运用大量简洁的**体块穿插**，就好像乐高积木一样。这种形体既有一些**美国民间传统元素**的影子，又充满了**现代简洁**。非常**重视功能**，建筑的平面也大胆采用**不对称**的布局，完全为功能服务，这也是他从沙利文那里学来的最重要的东西。

"草原式住宅"的代表：罗比住宅

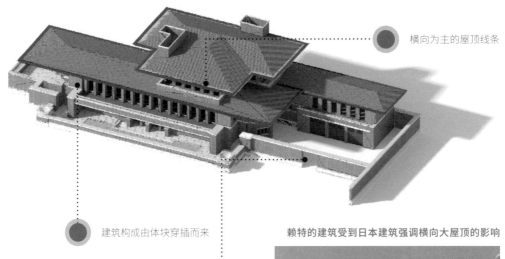

横向为主的屋顶线条

建筑构成由体块穿插而来

入口偏向一侧，根据功能自由布置平面

赖特的建筑受到日本建筑强调横向大屋顶的影响

这种"草原式住宅"从外面看上去，以**横向线条**为主，之所以如此，是由于赖特当时受到**日本建筑**的影响，他在建筑中加入了体量巨大的屋顶；为了让人在室内可以有一个较好的视野，大量运用**玻璃窗**，并且取消了窗间的柱子。

在实践中，赖特提出了一个自己关于住宅建筑的理论：

•------- 有机建筑论 -------•

他认为建筑是一个"**有生命**"的机体，建筑应该像**植物**一样，从它脚下的**土地**中**生长**出来。所以他的房子很重视与**周围环境的完美结合**。另外，他在住宅设计中非常喜欢将**壁炉**作为建筑设计的出发点，壁炉也就是"有机建筑"这棵大树的**"树干"**，以壁炉及其所在的空间为中心，其他的如卧室、书房、餐厅、厨房就像生长出来的**叶子**。这种形体简洁明快的建筑非常适应美国中西部草原上地广人稀的环境，所以赖特把自己的这类建筑统称为**"草原式住宅"**。

玛法的老照片

在接私活的过程中，赖特在感情方面也没放松，1909 年，他看上了自己**业主的老婆**玛法，当然玛法也看上了他。

但拐走客户老婆放到什么年代都不是一件能被主流社会接受的事情，况且如果他是单身也就算了，赖特此时已经有了一个结婚十年的妻子以及 6 个孩子。这时的他由于在几年前成功设计了**联合教堂**，在圈里也算是小有名气，这种丑闻分分钟就上了"热搜"。在当地几乎被骂到过街喊打的赖特并没有认怂，而是带上情人**跑路**到了欧洲。

跑是跑了，只不过发生了这种事，短时间内也没什么人再愿意冒着"被绿"的危险找他设计房子。但对于骄傲的赖特来说，这根本就不算什么事，既然没活干，我就自己**写书**好了。

接下来的两年间，他自己在欧洲一口气出了两本书，在这两本书中总结了很多自己关于建筑独特的设计方式，也在欧洲建筑圈中又火了一把。这种以功能为出发点的设计思维也影响了欧洲当时很多**新锐建筑师**。

两年后，在欧洲实在接不到活的赖特带着玛法回到了美国，本以为过了这么久，舆论已经把他忘了，可是刚下飞机就发现自己在当地依然**臭名昭著**，居然连报纸上都在刊登骂他俩的文章。这期间由于赖特的前妻一直不肯离婚，所以赖特和玛法总归是"名不正言不顺"。但他仍然我行我素，回到了自己的老家威斯康星州，在乡下买了一块地，建造了两人的家，并为它取名：**塔里埃森**。◄••••••••••••••••••••••••

敲黑板： 这座房子绝对算是个"凶宅"，赖特住在里面的时候，一共烧了两次，一次烧死了他的家人，另一次烧光了他收藏的全部个人作品以及古董。

塔里埃森，适

赖特和他的学生们

这座房子除了自己住之外，也兼作他的**工作室**。此时赖特在业界也小有名气，陆陆续续会有一些学生来此求教。但是赖特自己都没有好好上过学，所以在他的工作室，没有固定的课程，学生们上午被安排去给他**种地**，下午则由赖特亲自带着做项目，真正做到了"**生产学习两不误**"。

可能是上帝决定惩罚一下他（这是他后来自己说的），3年后的一天，在赖特外出授课时，家里患有精神疾病的仆人一把火烧掉了房子，包括玛法、两个孩子以及几个学生全部死在了里面。得知噩耗的赖特悲痛欲绝，于一年后接受了日本的邀请，离开故乡独自一人来到**日本**，用了7年时间为天皇设计了著名的**帝国饭店**。

当年的帝国饭店。赖特在建筑中融入了日式风格，也保留了他标志性的横向构图

帝国饭店

这座建筑被称为近代建筑史上的经典之作，在日本也被捧到很高的位置，赖特也凭借这座房子收割了一大拨日本粉丝。在这座建筑中，他将当年在沙利文手下工作时掌握的**钢筋混凝土技术**带到日本，结合日本传统建筑的形式，**融合东西方特色**创造出了一种日本人从没见过的新形式。

最传奇的是，后来1923年爆发的**关东大地震**，市中心几乎所有的房子都被毁掉，有的是在地震中直接被震塌的，有的毁于地震带来的大火（当时日本人建房子超级喜欢用木材）。只有赖特的帝国饭店安然无恙，甚至成为了地震中人们的**避难所**。

帝国饭店也因此成了世界上一座著名建筑。今天被改造成了博物馆。

在这几年中，赖特又与一名女雕塑家搞在了一起。而这回原配妻子终于彻底放弃，同意和赖特离婚。刚刚离婚的他马上就与新欢领了证。婚刚结完，赖特就傻眼了，因为他发现这姑娘有着很严重的问题：**嗑药**，还有**暴力倾向**。估计是怕自己以后被家暴，赖特当即决定离婚，但是雕塑家肯定是不愿意的，并在各种公共场合羞辱他，让年近 60 的赖老板再一次因为丑闻在圈子里火了一把。

年轻时的荷拉

过了没多久，赖特老毛病又犯了，这次看上了一位年轻的有夫之妇，舞蹈家**荷拉**，而且这姑娘比赖特整整小了 31 岁。1925 年两人搬回了塔里埃森过起了同居生活。

不知道是不是上帝也看不下去了，决定再次惩罚一下他，这一年，塔里埃森再次着火！不过这次还好没有烧死人，但是赖老板多年收藏的大量价值连城的**古董**及个人的**绘画**作品被烧了个精光。

晚年的赖特夫妇

冷静后，赖特毅然决然地第三次修建塔里埃森。这次将其改造成**小型学校**。可能是真的折腾不动了，赖特选择了与荷拉小姐安安稳稳地过日子。从此只做设计，再无其他。

可能是回归家庭给赖特带来了好运，1937 年他设计出了自己职业生涯的**巅峰**之作，被后人评为**美国近代第一建筑**的——**流水别墅**，也是赖特在美国的封神之作。（所以说男人重视家庭还是非常重要的）

与自然的和谐共处是流水别墅最大

这座房子的业主是一位非常有钱的商人，有钱的他找到了**专为有钱人设计房子**的赖特，没有给他太多的限制，而是让他随意发挥。首先，基地内有一条名叫"Bear run"（"小熊跑"）的溪水。如果在建设基地里遇到**水流**，大多数的建筑师估计会选择将水流的位置让出来，作为建筑周边**环境**的**一部分**。而不按常理出牌的赖特大胆地将这座房子建在了溪水上，溪水穿过建筑，使建筑最大限度地和环境融合在一起。这也是"流水别墅"名字的由来。建筑一共 3 层，人从最下层可以直接走到溪水中，也算是"无缝衔接"。

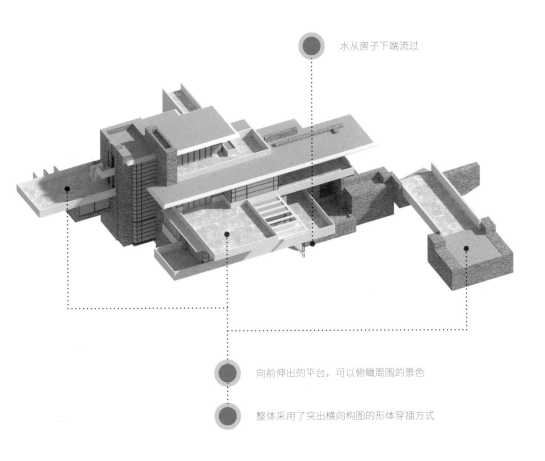

水从房子下端流过

向前伸出的平台,可以俯瞰周围的景色

整体采用了突出横向构图的形体穿插方式

　　整个建筑由几条简单而现代感十足的横竖向几何形体穿插而成,每个界面都向四周的环境延伸出来,在这里,**"人造"**与**"自然"**被赖特以自己独特的方式**合二为一**,最大限度地将建筑与自然融为一体。

　　内部空间延续了赖特一贯主张的**"草原住宅"**理念,室内空间通透,巨大而横向的落地窗使得建筑可以将室外的**景观**毫不保留地**引入室内**。建成后立刻轰动欧美,也引来了美国后期大批的效仿者。

1959 年，92 岁的赖特去世，死后葬于塔里埃森。

他临终前在美国的最后一件作品——**纽约古根海姆博物馆**，依旧是延续了他一贯的不按常理出牌的风格，摒弃了传统博物馆一个房间连着一个房间的形式，而是建造了一个内部中空的环形房子，两侧是环廊，展品就被放置在环廊两侧的墙上。参观者在进入博物馆后，先由电梯直达顶层，然后沿着环廊一边往下走，一边欣赏展品。

这种布置方式可以说刷新了人们的看展体验，顶部的**自然采光**也更加环保。但是**缺陷**也很明显，由于环廊是一层层向下延伸，就导致环廊的地面始终都存在着一定的**角度**，人要站在一个斜面上去看展品，是不是觉得也挺奇怪？

但不管怎样，这座博物馆都成了今天美国的一座地标建筑，它就像赖特本人一样：

●------ **才华横溢，又争议不断** ------●

THE SOLOMON R GUGGENHEIM MUSEUM

THE THANNHAUSER COLLECTION

古根海姆博物馆外部

古根海姆博物馆内部

Bauhaus

包豪斯大佬：
格罗皮乌斯

有一个男人。

· 一百年前成功预言了未来的城市建筑必将趋于全球化；
· 一手颠覆了德国的设计教育模式，将当时德国的设计水平拔高到了欧洲前列；
· 所建立的设计学校直到今天依然影响着全世界。

沃尔特·格罗皮乌斯
Walter Gropius(1883—1969)

1883 年，格罗皮乌斯出生于德国柏林的一个艺术世家。老爸和叔叔都是建筑师，爷爷则是画家，所以当他还是个小孩儿的时候，就受到了艺术（感性）和建筑（理性）的**双重熏陶**，并且对建筑产生了浓厚的兴趣。1907 年，身为"学霸"的他从夏洛腾堡工学院毕业，并从 400 多名应征者中脱颖而出，以**天才**的身份进入了德国当时红得发紫的彼得·贝伦斯事务所。工作期间，贝伦斯关于现代设计的思想对他产生了重要的影响。

三年后，他**自立门户**成立了自己的建筑设计事务所。

幸运的格罗皮乌斯在开张第二年，就接到了一份大单：为一家鞋楦公司设计工厂。这座建筑中，格罗皮乌斯采用了当时刚刚流行起来的　　　　　，并与当时流行起来的玻璃幕墙相结合，创造出了水晶一般的透明房子。也就是后来被称作　　　　　　的：

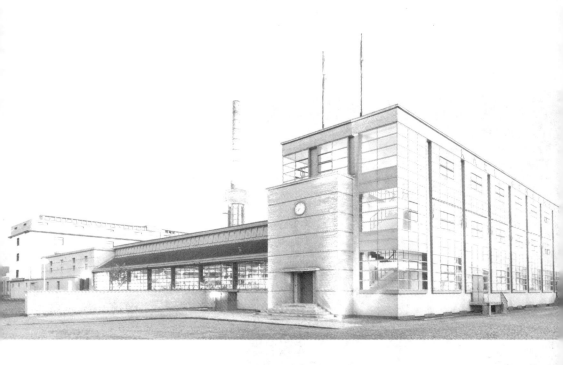

　　　　格罗皮乌斯通过这座建筑　　　　了一个重要的问题：

　　　　　　　　　　在此之前，建筑圈普遍认为　　是　　的，总之是不能暴露出来让人看到的。就像人体，如果把骨头直接暴露出来，就会很吓人，所以要用好看的皮囊　　　　　　　　　　　。

　　　　　　　　例如美国芝加学派中的不少建筑，虽使用当时先进的框架结形式，但外形上依然无完全摆脱古典主义的三式结构和古典的拱券形

　　这么做就是为了不让人到建筑内部的构造，于出现了用"古典的外皮去包裹"现代的结构"尴尬做法。

但在法古斯工厂中，人们从外面　　　可以看到建筑　精致的楼板和柱子，甚至是楼梯；大片的玻璃让阳光直接照进室内，日照和通风的问题得到很好的解决。

建筑的形态则是简单的　　　，没有任何多余的装饰。建成后，人们才发现原来用玻璃和框架可以创造出这么有精致感的建筑，这种透明清澈的方盒子相比于那些厚重封闭的建筑简直太酷了。此时格罗皮乌斯也只有 32 岁。这座 100 多年前的建筑，放在　　也依然　　　　　。

紧接着 1914 年与好友**阿道夫·迈耶**合作设计了位于科隆的德意志制造联盟总部大楼，建筑整体风格跟法古斯工厂差不多。通过这两个项目，格罗皮乌斯将他的**现代建筑理论**进一步**落实**，无可争议地成为了欧洲当时最优秀的新锐建筑师。此时此刻的他，相信工业时代是**美好**的，**技术**能够**改变社会**，现代化和批量生产与机器是完美融合的。

　　直到这一年的八月**第一次世界大战**爆发。

1914 年德意志制造联盟科隆大展综合楼

　　格罗皮乌斯参加了战争，在前线，他亲身感受到了机器时代战争的残酷，年轻人被拉到战场上，然后像韭菜一样一茬接一茬地冲到机关枪前送死，他开始反思，为什么资本主义带来了富裕，也让人更加贪婪；工业革命提升了技术，人们却用它来屠杀？

"**第一次世界大战**"期间的格罗皮乌斯

技术的发展是把**双刃剑**，不但会带来美好的生活，同时只要稍有不慎，就能将这美好瞬间转化为地狱。后来他在战争中负伤，住院期间，对资本主义的失望使他开始关注马克思的**社会主义**思想。

格罗皮乌斯的观点逐渐发生了转变，他觉得自己与其去设计几栋房子，不如通过**教育**新一代的设计师，让他们变成有责任的社会工作者，进而创造一个他理想中的美好社会。

于是，他做出了一个决定：

"办学校，搞教育"

战后，德国政府搬到了魏玛，格罗皮乌斯向政府申请创办一所设计学校，这座学校的前身就是之前比利时人凡·德·维尔德的　　　　　　　　。格罗皮乌斯担任校长之后，将其改名为：

这座学校后来影响了整个德国和欧洲许多国家的设计走向，直到今天依然是很多建筑学生向往的名校之一。在当时，它的成立可以说标志着现代主义在德国的诞生，因为这是世界上第一所　　　　　　　　　　　　　　　而建立的学校。

在这之前，　　　　　　在德国并不属于一门独立的学科，而是依附于　　　　　的一个　　　。而在包豪斯，格罗皮乌斯第一个从真正意义上将　　与　　进行了　　　　，这也是人类设计发展重要的一步。

今天全世界大部分大学的建筑学专业，包括我们中国，建筑系的学生在大一的时候往往要先进行"基础课"的学习，例如平面构成、色彩构成、几何构成等，这套教学体系都是包豪斯首先创立的，后来这套体系通过美国扩张到全世界。到今天，如果一名建筑师不知道包豪斯，就好比在手机行业工作却没听说过华为一样。

几年后，包豪斯从魏玛搬到德绍，格罗皮乌斯为新校区设计了另一件经典作品——　　　　　　　。这座建筑将格罗皮乌斯主张的功能化、标准化的设计理念表达得淋漓尽致。采光面全部采用　　　　　　，简洁的外形、建筑的平面布局则完全根据　　　　　　的需要来设计。

　　这座建筑直到今天仍然在使用，而且当你站在这座建筑面前的时候，几乎完全感受不到这是一座 100 年前的老房子。印证了那句话：

早期包豪斯教师团队，左五：格罗皮乌斯

　　之后的包豪斯历经**磨难**，1930 年学校迁居柏林，由格罗皮乌斯当年在贝伦斯事务所的师弟：密斯·凡·德·罗接任校长，三年后被纳粹**强行关闭**。直到第二次世界大战结束很多年后才重新开设。

　　此后的格罗皮乌斯回到柏林，从事居住建筑、城市建设和建筑工业化的设计和研究。希特勒上台后，为了树立**绝对权威**，要求德国恢复古典庄严的**帝国风格**，格罗皮乌斯那套现代主义理论自然是玩不转了。自此他离开德国，于 1937 年第二次世界大战爆发前夕应邀到美国**哈佛大学**担任建筑系主任。人到了美国，便将包豪斯现代建筑的功能主义理论完完全全地**移植**到了哈佛，进而把当时哈佛的建筑系变成了第二个包豪斯。晚年一直在美国从事教育和建筑设计实践，直到 1969 年去世。

纵观格罗皮乌斯的一生，他对世界建筑最大的贡献是在**建筑教育**方面，其次才是建筑设计。通过自己的理论和实践，奠定并巩固了现代建筑系统的基础。

"设计师最重要的不是怎么去做好一个设计，而是要成为一个有责任的人。"

包豪斯校舍简洁现代的外观

冷酷的德国人：
密斯·凡·德·罗

有一位建筑师，他 。如果让你闭上眼睛想一下城市的样子，相信大家脑海里多半会出现下面场景。

今天世界上的超级大都市，如日本东京、美国纽约和芝加哥或者中国的上海和北京，这些城市的 区域，无一例外的是笔直的摩天大楼直冲天际。20世纪中后期开始，这些精美的高楼大厦开始由一个人的推广而风靡全世界。这些精致的高楼大厦之父，是现代主义最伟大的建筑师：

路德维希·密斯

Ludwig Mies van

1886 年密斯出生在德国亚琛，父亲是一名**石匠**，有一间自己的小作坊。石匠倒不是指搞雕塑的，而是为建筑**加工石材构配件**。密斯从很小的时候开始，就在店里给父亲打下手，长大后陆陆续续地在当地几位建筑师的工作室里做学徒。就这样，童年并没怎么上过学的他却在各种各样的**施工现场**熟练掌握了各种**材料**的**特性**和建筑**细节**的**处理方法**。在他后来的职业生涯中，对建筑每一寸细节近乎变态的**严格把控**成了他个人最大的特点之一。

后来的他常挂在嘴边的一句话：

God is in the details
上帝在细节中

密斯建筑中的细节

这里提一下为什么说材料和构造的掌握对于一个建筑师来说非常重要。好比做菜，对**食材种类**以及**火候**的精准把控往往才是做好一道菜的基础。在建筑师这个行业里，一些设计方案，真拿到现场去建，由于对构造细节、材料等认识不到位，房子建出来就会出现**不安全**以及与设计**初衷**严重不符的现象。

1908 年，已经有多年"工作经验"的密斯来到当时设计界大神彼得·贝伦斯的事务所应聘。要知道，这种当时的顶级事务所门槛是很高的，比如前面提到的格罗皮乌斯也在这里打工，但人家出身建筑世家，又是名校（夏洛腾堡工学院，算是世界顶级理工大学）毕业。可就是在无数份优秀应聘者中，面对一个**没有学历**的小镇青年，贝伦斯居然痛快地答应了，最主要的是他觉得，相比起那些受过良好教育，张口闭口就是"设计理念"但却连真正的工地都没下过的人来说，密斯是一个**"建造"基础扎实**的人。

密斯在这里干了三年，在建筑的**工业化**、**标准化**等方面，开始形成自己的设计观。还通过贝伦斯混进了当时**德国最牛**的设计师圈子——**"德意志制造联盟"**。最重要的是，通过贝伦斯的引导，密斯开始关注当时的荷兰大神**贝尔拉赫**的设计思想，他所提倡的**"建筑结构诚实性"**，对于密斯的影响一直贯穿了整个人生。

三年后，密斯离开了贝伦斯的事务所开始自己单干。相比格罗皮乌斯刚刚独立门户就接到了很多大单，密斯则用了将近十年的时间 　　　自己的设计风格。他绘制了大量关于心目中 　　　的图纸，都是一些由 　 和 　 组合成的被他自己称为 　　　　　 的结构。这种大楼也就是今天你看到的所有玻璃摩天楼的 　 。它们最大的特点就是

在把建筑"越做越单纯"这件事上，密斯可以说是做到了极致。1929 年，世界博览会在西班牙的巴塞罗那举行，正是抓住了这个机会，密斯创造出了自己人生的第一个杰作：巴塞罗那世博会——

这座房子非常小，而且简单到不能再简单。甚至在当时的人看来就 　　　 是一座"建筑"。整个房子只是由几根孤零零的柱子支撑起的钢筋混凝土屋顶，四周用几片大理石和落地玻璃围合而成。

室内除了一座　　　和几把密斯自己设计的椅子，就没有任何的家具了。

在这座建筑中，密斯用最简单的方式向世人展示了什么叫作　　与　　的　　　　　，只有剥离了所有的装饰，材料与结构　　　　　的　才能呈现出来，工业时代的建筑　　　都得到了完美的体现。建筑一经建成便震惊了整个建筑圈，密斯也一举成名。

整个建筑建在一处平台上，西北侧为附属用房

平面全部用断断续续的隔墙做不连续遮挡，体现了密斯的"流动空间"理论

入口处的水池，大片的水面使得建筑看上去更显宁静安详

东侧的水池及一座人体雕塑是建筑的点睛之笔

德国馆内部

通过德国馆，密斯提出并论证了**影响整个设计界**
直到今天的一条理论：

Less is more
少就是多

一年后，密斯接替格罗皮乌斯和迈耶担任了"包豪斯"的校长，不久之后纳粹便掌控了整个国家，由于密斯的现代风格并不符合希特勒的**政治需求**，也由于之前提到的包豪斯自创立以来，学校里便蔓延着的**社会主义**思想而为独裁的纳粹所不容，不久后学校被迫关闭，密斯也被逼移民美国。

1954 年，他设计了他职业生涯的另一座精品，真正被称为"国际主义"的建筑——**西格拉姆大厦**。从这座建筑中，我们看到密斯对于他一直以来所坚持的**极简主义**思想几乎到了**强迫症**的程度。这座建筑外观平整，没有一丝装饰。

外部的钢结构框架从顶端一插到底，整个建筑在玻璃与钢铁严丝合缝的组合下产生了**冰山**一般**冷酷**的**精致感**。为了使建筑从外面看上去不会因为开窗不统一而显得杂乱，他还强制性地要求整座大楼的窗户只能开成三个档次：**全部关闭、开一半、全部打开**。因此，建筑无论什么时候看上去都是整齐的方格子立面。

西格拉姆大厦(图片作者: 康斌奇)

简洁精致的建筑立面

密斯的绯闻女友：伊迪斯·范斯沃斯小姐

　　关于密斯和他在美国的一位美女业主还有一段让人津津乐道的故事。1945 年，密斯在一次晚宴上遇到了**伊迪斯·范斯沃斯**，她是一名高学历的医生，也是个妥妥的富二代，最重要的是，她是密斯"迷妹"。这次见面，密斯也被这位美女打动，在第一次聊天中，密斯对范斯沃斯承诺：

"我愿意为你建造任何形式的房子。"

　　这可能是一个建筑师能说出最浪漫的承诺了。当然，这句话感动了范小姐，不久之后，她在伊利诺伊州买下了一小块土地，并邀请密斯来为她设计一座别墅，要求很简单：**我一个人度假用，亲近大自然，拉拉小提琴。**

之后密斯用了六年的时间来设计并建造这座房子，这六年中，两人一起讨论设计，一起参与建造的过程，一起讨论哲学，两人关系也进一步的发展。

密斯

密斯在施工现场

黑板： 在范斯沃斯的回忆中，她提到自己曾多次要密斯修改设计，多增加一些密性的围合空间，但密斯没有同意，依然固执地坚持自己的想法。

这座房子也将密斯的设计理念毫无保留地展示了出来。整个房子最大的特点就是：**极简**。简单到不能再简单。举个例子，整座房子，除了卫生间四面的墙是封闭的，其他全部的房间包括卧室，都是**全透明**的，在这座房子中，密斯将"少就是多"的理念发挥到了极致，建筑没有一丝装饰，仅仅是地面和屋顶板夹了几片玻璃。只不过对于范小姐这样一个**单身的姑娘**，这种房子住着确实没有什么**安全感**。

后来范小姐第一次住进这座房子时，完全暴露的卧室让她根本没有办法睡觉。这段时间里，两人三观的差异性也逐渐暴露，这使得她和密斯的关系也迅速变得紧张起来。

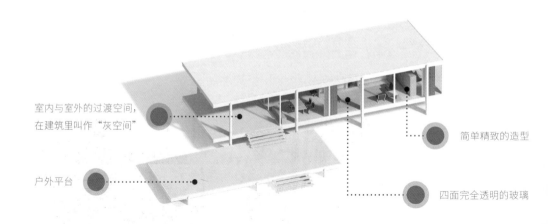

室内与室外的过渡空间，
在建筑里叫作"灰空间"

简单精致的造型

户外平台

四面完全透明的玻璃

密斯将房子内部功能全部以**模糊**的形式**融合**在一起，他希望当范斯沃斯小姐从进门到客厅再到卧室，是不需要穿过任何墙壁或者门的。这就是密斯为她发明的：

流动空间

后来也成为各种富豪们度假**别墅**常用的内部空间形式，直到今天都非常流行。

范斯沃斯住宅内部的"流动空间"

当房子建成后，范斯沃斯甚至将密斯告上了法庭，理由就是密斯浪费了自己大量的钱，建造了一座**几乎无法使用**的房子，她觉得受到了"欺骗"。而密斯则依然在坚持自己的想法没有问题，并解释称"每当我们被限制在传统中时，建筑设计便无法跳出古典的范畴。在物质发达的今天，我们必须要从功能的角度来设计建筑，这是未来的趋势，不可避免。建筑内部空间的通透和灵活将对人们的生活越来越重要。"

范斯沃斯住宅

等他 balabala 讲完了自己的话，密斯遗憾地对范小姐说：

"我承认这座房子有很多缺点，我只能对你说声对不起，我愿意承担一切损失。"

可能是范小姐觉得累了，该结束这一切了。她选择撤诉，并且从此不再联系密斯。在后来的二十年中，她依然将这座房子作为自己的度假小屋，并在这里举办一些小型活动，直到 1972 年将这座房子卖掉。

如今的范斯沃斯住宅已经成为了经典，并作为**博物馆**向公众开放，也是今天每个建筑师心中的圣地。

其实我觉得范小姐只是想问密斯：**你的理念和我，谁重要？**只是最后，密斯还是让她失望了。是啊，当初是谁说愿意为我建造任何房子，你不记得了吗？

1968 年，密斯完成了自己人生最后一件杰作：为自己的祖国建造一座美术馆——**柏林新国家美术馆**。

这座建筑依然延续了他"少就是多"以及**"全面空间"**的理念，整座建筑只是在一块台地上，用若干根十字形柱支撑起的一个巨大的平屋顶，外表面用玻璃围合。要硬说这是一座美术馆，也可以。但是按照密斯一贯的主张，这个巨大的**空间**可以用来作为**任何功能**。

密斯人生中最后的作品——柏林新国家美术馆

密斯·凡·德·罗的建筑到今天依然存在着许多**争议**，他的很多房子并**不"好用"**：在西格拉姆大厦中，为了使建筑从外面看上去"整洁纯净"，他不顾使用者的心情，将窗户设计成了只能全开、开一半和全关三种模式；在伊利诺伊理工学院的克朗楼中，将学生的**教室**设计成了一个**巨型大空间**，密斯希望学生们可以根据自己的需求**随时变换**室内的空间形式，但在当时遭到学生的集体吐槽（**虽然后来这种建筑形式成了今天很多大学建筑系专业课教室的标配**）。

但几乎所有人都承认的是：他所提倡的"少就是多"，从根源上同建筑装饰彻底决裂，将建筑回归到了它最本质的样子，并且用这种极简的空间处理手法**重新定义**了**"高级感"**；以前人们认为巴洛克才是高级，古典主义才是高级，密斯用他的作品**改变了**现代人的**观念**，这才是他被封为大师的原因。他全面改革了高层建筑结构及外观，并使得这种风格迅速火遍欧美，紧接着蔓延至全世界，所以说，他改变了今天世界三分之二的天际线。

1969 年，83 岁的密斯病逝于美国芝加哥。

◆--- 用一生做自己绝不动摇的执着人 ---◆

密斯·凡·德·罗

柏林新国家美术馆

混凝土怪咖：
勒·柯布西耶

在 20 世纪初的法国，有一位建筑师以自己的作品深深地影响了欧洲乃至世界的城市规划；他的建筑风格成为后来众多第三世界国家学习的样本；日本的现代建筑鼻祖几乎都是他的迷弟。

现代主义四位建筑大师中最让人**摸不清套路**的一位，一生的风格基本上可以说是飘忽不定；但他的每一次风格转变都能在建筑圈掀起一阵狂风暴雨。

他就是我们要说到的现代主义四位大师中的最后一人：

勒·柯布西耶
Le Corbusier(1887—1965)

这人对后世的影响有多大先来看看他的众迷弟们:

纽约建筑师协会"五巨头"之一:
彼得·埃森曼

日本近代建筑第一人:
丹下健三

1992年普利茨克建筑奖获得者:
阿尔瓦罗·西扎

建筑界的诗哲:路易斯·康

以上我只是列举了很少的一部分,随便一位都是**国宝级**的建筑师,即使**今天活跃在一线**的建筑师,很多人都会说:

"在我的学生时代,**"那个男人"**对我的影响是**不可忽视的。**"

柯布西耶出生于瑞士一个名叫拉绍德封的小镇。懂表的人都知道，世界上最好的表要到瑞士去买。而柯布出生的这个拉绍德封，就是当时瑞士主要**产表地**之一，基本上生活在镇里的人，都干这个。柯布家自然也不例外，父母就是当地众多制表从业者之一。

不出意外，柯布小朋友应该会继承家族传统，长大后成为一名制表工，按他的悟性，也多半是一名不错的制表工。

但家族世代从事制表的柯布父亲并没有要求柯布子承父业，而是由着他的性子，去**学画画**了。在上学期间，柯布偶然对建筑产生了兴趣，毕业后先是来到了法国巴黎著名的建筑师佩雷的工作室打工，后来又跳槽到德国柏林的彼得·贝伦斯事务所上班。

这两位大佬，一个善于在建筑中运用**钢筋混凝土**，另一位则是新**工业设计**的积极倡导者。这两段工作经历都对柯布日后的风格产生了很大的影响。

柯布的现代主义绘画作品

也是在彼得·贝伦斯工作室工作时，他结识了师兄弟密斯·凡·德·罗和格罗皮乌斯，这几个人日后都改变了世界建筑发展走向。不得不承认，厉害的老师就是可以带出厉害的学生的。

按照我们现在的说法，柯布其实是一个非常**"不安分"**的人，说白了就是一个总是喜欢在"违法"的边缘试探的家伙。和设计有关的，他这辈子几乎都插过几腿：设计家具、建筑，甚至还曾一度以画家的身份混入了一帮激进的**立体主义艺术家**的圈子。另外，他也爱好**舞文弄墨**，时不时地在设计圈里发表点激进言论放把火。

柯布西耶设计的表，"建筑感"十足

柯布西耶在画室

　　1920 年，他与一大群当时的**先锋艺术家**和**诗人**创办了一本杂志**《新精神》**，开始了他的建筑**革命**之路，这个组织里都是一帮干柴烈火的愤青，他们年轻、富有激情。柯布也发表了一大堆倡导建筑革新的文章，嚷嚷着**"我们要和古典主义的一切决裂""杀死古典主义"**。其实这不奇怪，1920 年是什么？两次世界大战的夹缝时期——躁动的欧洲。那时，欧洲的年轻人要是不懂点革命理论，脑子里没点激进想法，出门都不好意思跟人打招呼。

　　柯布算是这群人里闹得最凶的一个。紧接着 1923 年，出了一本自己的书**《走向新建筑》**，听这名字就知道，是要准备干大事了。这本书的中心思想就是否定了 19 世纪以来，欧洲建筑的**保守主义**、**复古主义**。并且提出，要做属于新时代的新建筑。不过说得简单，可是什么才是属于新时代的新建筑呢？

柯布敏锐地抓住了工业发展带来的契机，一针见血地提出了**"新形式就从工业中产生"**的观点，在这本书中，他提出了一个著名的概念：

敲黑板：什么意思呢？当世界处于机器为王的时代，机器的特点是外形简洁，内部构造复杂而又充满序，可以批量生产，大大低成本。也就是说，他预了随着工业的进一步发必将出现新的住宅形式，这种形式将与之前的所有筑形式发生决裂，这就是的"机器美学"观点。

●------- 住宅是居住的机器 -------●

以后如果别人问你柯布西耶有什么厉害的，你一定要先把这句话甩出来，然后再配上一个"没听说过吧"的表情，足以唬住一批人。几年后，他用自己的一个作品完美地对这个观点进行了诠释。

近代建筑史中的经典——萨伏伊别墅

这个不朽之作就是**"萨伏伊别墅"**。这个小别墅可以说完美地阐释了柯布**"机器美学"**的观点，以及随之产生的**"新建筑五个特点"**。

他是怎么做到的呢？

整个建筑坐落在一片平整开阔的草地上，首先看外表：一个几乎纯白的盒子，精致而高雅，而内部的**空间变化**则十分丰富，如同一个**精巧镂空**的**几何体**，就像家乡制造的那些钟表。可见童年的艺术熏陶是多么重要！

"**新建筑的五个特点**"具体内容是：

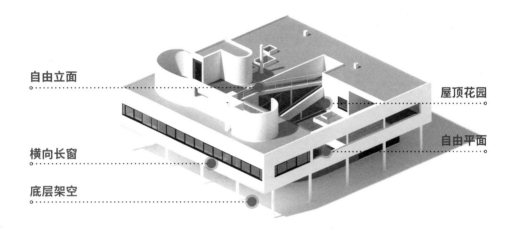

自由立面
横向长窗
底层架空
屋顶花园
自由平面

底层架空的优点是很好地**隔绝**地表的**湿气**，也让建筑显得更加**轻盈**。建筑也不占用地面空间，将草地还给人们。

被架空的首层

横向长窗则是经典之处，不仅使**视野**更加**开阔**，也成了
当今很多**高端住宅建筑**的设计**标配**。

电影《建筑学概论》中的大横窗，窗子与室外的景色共同形成了一幅美丽的画卷

自由平面和**自由立面**：由于建筑采用了柯布擅长的钢筋混凝土骨架，**柱子**和**楼板**承担了全部的重量，就使得**隔墙**和**门窗**可以灵活地**随意布置**，这样平面和立面也就不必像传统的住宅一样方方正正，用户可以根据自己的喜好和需求**自行分隔**。

萨伏伊别墅局部细节

将本该在地面布置的**花园**创意性地放在了**二层**的平台上。

你可能觉得这些在今天并没有太多特殊之处，可是柯布设计这座房子可是在将**近100年前**，那时候的人大多是没见过这种住宅的，他本人也因为这个作品迅速蹿红。◀ ⋯⋯⋯⋯

敲黑板：不过别看现在我觉得这个房子很时尚很酷，在当时保守势力的眼里，就是个怪胎，谁会愿意住这种冷冰冰的房子里？柯也因此受到当时主流保守力多方的围攻。

1939年第二次世界大战爆发。由于柯布的奶奶有犹太人血统，他也因此流亡国外。战后，柯布的设计风格发生了**巨大变化**，第二次世界大战中人类利用机器进行疯狂屠杀，这些现象开始让这个时代的设计师对工业与资本主义产生了怀疑。战后大量房子需要重建，在资金、材料和人力都十分短缺的情况下，"精致"这个词显然已经不适合当时的社会环境。柯布的创作也开始像另一种风格**转变**，也就是大名鼎鼎的：

●------- 粗野主义 -------●

什么是粗野主义呢？柯布的做法是，建筑不再像萨伏伊别墅那样，追求纯白简洁、机器般的精致，而是反**其道而行**，将混凝土的"粗糙"直接**暴露**在表面，不做任何其他的装饰，就连建筑的边角也故意不做收边处理，就好像**没完工**一样。

柯布在印度昌迪加尔设计的法院大楼

宋朝马远的《华灯待宴图》，远处就运用了大量留白处理。

安藤的代表作"光之教堂"，直接暴露混凝土而不加任何装饰的手法反倒让建筑产生了一种朴素的高级感。

　　绘画里面有一种说法，一幅画不要画到百分之百，留一些空白，留一些想象。绘画也好，建筑也好，往往不见得存在什么真正的**"画完""建完"**一说。柯布一生的风格都在变化，给人的感觉就是非常不专一，但他的特点就是**不跟风**，变也是他**第一个变**，然后影响着一批人学他。别人学得差不多了，他又开始玩新的了。柯布敏锐地抓住了这种最适应（主要是穷）当时欧洲**战后经济情况**的建筑风格，并且将其一手打造成流行世界的一大门派，这是他很厉害的地方。

　　单说这种暴露混凝土的手法，也是在他这里发扬光大，影响了当今的一批大咖，例如建筑界的奥斯卡：**普利茨克奖**得主，光之教堂的设计师**安藤忠雄**就是柯布的迷弟，他的建筑就是以表达**混凝土**的**天然质感**而著名。为了表达自己对柯布的爱，他甚至将自己的爱犬命名为柯布西耶，估计柯布知道了会想"砍死"他……

不过话说回来，其实柯布玩粗野主义确实也是因为没钱，刚打完仗，欧洲已经烂掉了，满地无家可归的人，哪还有钱去搞**精装修**？

"不安分"贯穿了柯布的一生，晚年的他并没有想着把粗野主义进行到底，1955年，这个68岁的老头又开始**搞事情**，干了一件轰动世界建筑圈的大事，起因是他在法国一个叫作龙尚的十八线小村子里设计的一座教堂。

这个不起眼的小房子，被称为柯布西耶设计生涯的**巅峰**，也是当今无数建筑师心中的"麦加"圣地——**朗香教堂**。传统的教堂应该是庄严肃穆的，而朗香教堂却让人有一种进入了**原始洞穴**的感觉。

朗香教堂雪景

表面奇怪而神秘的"彩色洞口"其实是窗户；彩色玻璃使人联想到画家蒙德里安的格子画。这种格子其实是柯布很喜欢的一种符号，在他的其他作品中也多次用到。

屋顶我觉得像一个蘑菇，细节上依然可以看出粗野主义的影子。他用这座朗香教堂**推翻**了自己早年所主张的**理性主义**倾向和崇尚简单的**几何图形**，是综合了**表现主义**与**神秘主义**手法的集大成之作。这个时候的柯布就好像是一个掌握了各种武学套路的大师，各种武功在他的手中运用自如，向人们证明了今天的建筑不应该是一成不变的，它可以在尊重功能、结构和材料的性能前提下，**以各种形式存在**。

柯布一生当中提出的观点，无论是"住宅是居住的机器""新建筑五点"还是后来的"粗野主义""模度"理论，其实都有着严密且合理的逻辑，说白了，柯布是一个比较偏"理性"的人，但这个教堂则完全颠覆了人们对他的印象，在人生的最后阶段，他玩起了**"神秘"**，在晚年的时候凭借这个教堂又火了一把。

朗香教堂局部

勒·柯布西耶，一个神龙见首不见尾的神奇老头。

法国马赛公寓。柯布的建筑总是充满着"孩子气"

写在最后

2019 年 4 月 16 日，法国的巴黎圣母院着火了。这好像是全世界人民第一次齐刷刷地关注一座建筑。

建筑在我们每个人的生活中都扮演了重要的角色，每天绝大多数时间人们都停留在建筑里，可我们了解它们吗？在平时读书的过程中，我发现目前国内很少有真正面向大众的纯科普建筑读物，于是突发奇想：写一本大家都能看懂的建筑入门书吧，把我知道的那些有趣的建筑故事说给大家听。

希望这本书能为大家解答两个问题：为什么每个人都要懂一点建筑？用什么方法来看懂建筑？

先来回答第一个问题。

我很小的时候第一次看周星驰的《大话西游》，那时只有几岁，当时完全把电影当成一部喜剧来看，被"至尊宝"逗得前仰后合；可多年后第二次看已经是研究生毕业的年纪，只是发现无论如何也笑不出来，唯有伤感。

人为什么要懂艺术？从艺术里，我们可以看到并重新认识自己。
文学是艺术，绘画是艺术，电影是艺术，建筑——是最深沉的艺术。

再来回答第二个问题。

举个画家的例子吧。我们都知道梵高。说他是世界顶级画家之一绝不为过。但往往大多数人看他的画，虽然可能嘴上说"画得真好"，但心里多半会嘀咕：我觉得也就一般啊。相信我，大部分人看到梵高的画都是这感觉。其实你的感觉一点都没错。如果从"纯画技"的角度来看，比梵高"画得好"的人多了去了，但为什么只有他让全世界记住？因为画画的人很多，可他是极少真正燃烧自己生命进行创作的人。"燃烧自己生命"这个 6 个字很重要。画画不难，难的是一个人即使穷困潦倒且身患疾病，但依然能够用自己全部的热情来做一件"看不到希望"的事，全部的理由仅仅只是两个字：热爱。这才是艺术家追求的精神极致。难吗？

太难了。

所以答案就来了，想知道梵高的画好在哪，我们要做的恰恰不是去看遍他所有的画。而要先了解他一生的经历，了解他生活的年代，甚至了解艺术史的发展。只有知道了这些，再反过去看他的画，试着站在他的角度，不需要给你解释太多画的内容和技法，你自己就能"看懂"。而且绝对会发自内心地感叹：画得真好！建筑也是一样，只有知道建筑背后的故事，才能真正明白这座建筑到底好在哪里。

那么，这本书至少可以让大家在轻松的阅读中，从整体上快速了解整个欧洲建筑的发展历史，这样大家在平时无论是现实中还是电影、书籍或其他地方看到一些著名的建筑（比如巴黎圣母院、圣彼得大教堂、埃菲尔铁塔……）时，就可以快速地将它们对应到相应的背景下，进而真正体会这些建筑之所以伟大的原因。

最后郑重感谢我的伙伴们：编辑晨晨；同济大学刘刚教授、我的导师付瑶教授；建筑师俞挺先生；摄影师自耕、家佳、琦烽、超超、姣阳；漫画师隆哥以及在写书过程中帮助过我的朋友们。

希望这本书能让您有所收获。

——密小斯

2019 年 4 月于上海